美味健身菜

MEI WEI JIAN SHEN CAI

    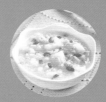

U0278328

中国人口出版社
China Population Publishing House
全国百佳出版单位

图书在版编目（CIP）数据

美味健身菜 / 美味厨房编写组编著. –– 北京：中国人口出版社，2015.10

（美味厨房系列丛书）

ISBN 978–7–5101–3499–9

Ⅰ. ①美… Ⅱ. ①美… Ⅲ. ①保健 – 食谱 Ⅳ.①TS972.161

中国版本图书馆CIP数据核字(2015)第144329号

美味健身菜

美味厨房编写组编著

出版发行	中国人口出版社	
印　刷	山东海蓝印刷有限公司	
开　本	710 毫米 × 1000 毫米	
印　张	14	
字　数	180 千字	
版　次	2015 年 10 月第 1 版	
印　次	2015 年 10 月第 1 次印刷	
书　号	ISBN 978–7–5101–3499–9	
定　价	29.80 元	

社　长	张晓琳
网　址	www.rkcbs.net
电子邮箱	rkcbs@126.com
电　话	（010）83534662
传　真	北京市西城区广安门南大街 80 号中加大厦
邮　编	100054

版权所有　侵权必究　质量问题　随时退换

　　中国素有"烹饪王国"的美誉，饮食文化丰富多彩、博大精深。从高档宴席到街边小吃，从上海的生煎包到青藏的酥油茶，从北京的烤鸭到云南的米线，从风干牛肉到家常馅饼……无不散发着独特的魅力。来自五湖四海的食材和调味品，通过精妙的技艺，变成一道道叫人垂涎欲滴的美食，为亿万人的味蕾增添了满满的幸福感。如今，人们对于"吃"的期待已不仅仅是简单的味觉感受，更是对品味的追求、精神的享受和情感的传递。每一道美食都有着独特的文化背景，都蕴含着浓厚的文化底蕴，它能触动人们的味蕾，更能触动人们的心灵，透过美食，我们能够看到一个充满阳光的世界。

　　每个人对美食都有着不同的感受和领悟，人们会把生活中的酸甜苦辣融入对美食的理解，使美食不仅成为人生感悟的分享者，更成为情感的传递者。在制作和享受美食的过程中，快乐会逐渐放大，感染身边的每一个人；而痛苦会逐渐消散，变得无影无踪。味蕾的绽放，会让人的心灵更加温暖。所以，如果自己动手烧制出一桌精美的菜肴，无论是家人围坐一起，还是招待三五成群的朋友，都会既真诚动人又温暖美好。人与人之间的情感会在锅碗瓢盆的碰撞中升温，会在品尝菜肴、称赞烧菜手艺或是闲话家常中凝聚……

　　所以，为了让大家既能享受到美味，又不失自己动手的乐趣，我们特别策划了这场精彩的味觉盛宴。这里的每一道烹饪技艺都是用真诚的内心描绘的，每一张菜品图片都是用最真的情感拍摄的，希望您感受到的不仅仅是油、盐、酱、醋的琐碎，更有对我们所传递的饮食文化理念的理

解和饮食智慧的感悟。"言有尽而味无穷"，"吃"是学问、是智慧，更是幸福。我们希望本书不仅能够让您的烹饪技术不断进步，而且能让您更多地感受到美食的魅力，同时也能把对美食的热爱融合到生活中，永远热情饱满、激情自信地面对生活，成为热爱美食、热爱生活的快乐的人！

　　这本《美味健身菜》以气候与人体健康的关系为基础，倡导适应四季不同气候特点的自然养生之道，推出了春季营养、夏季清爽、秋季滋阴和冬季养生几个系列的菜品。这些菜品既结合了传统做法，又加入了创新元素，成为一道道独具特色的美味菜肴。本书为你呈现的不仅是烹饪方法，更是变通，是饮食理念，让您轻松掌握美味菜肴烹制方法的基础上，能够烹制出"只属于自己"的美味私房菜。

编者

2015 年 1 月

CONTENTS 目录

1 Part1 春季营养

2 Part2 夏季清爽

3 Part3 秋季滋阴

Part4
冬季
养生
4

Part
1

春季营养

春季各节气的特点及养生要点

❶ 立春

在每年阳历2月3日至5日。这时阳气始发，气温渐渐上升，天气乍寒乍热，严寒之余威尚未退尽，春风仍带着冬天的寒意。从立春之日起，人体阳气开始升发，肝阳、肝火、肝风也随着春季阳气的升发而上升。所以，立春后要注意肝脏的生理特征，疏泄肝气，保持情绪的稳定，使肝气条达而不影响其他脏腑。

❷ 雨水

在每年阳历2月18日至20日。我国大部分地区严寒已过，雨量逐渐增加，气温渐渐上升。以立春作为阳气升发的起点，到雨水则阳气逐渐旺盛，所以更应该注意肝气的疏泄条达。

❸ 惊蛰

在每年阳历3月5日至7日。天气转暖，但气候多变。人体中的肝阳之气渐升，阴血相对不足，养生应顺乎阳气的升发、万物始生的特点，饮食起居应顺肝之性，助益脾气，令五脏和平。元代丘处机在《摄生消息论》中说："当春之时，食味宜减酸增甘，以养脾气……天气寒暖不一，不可顿去棉衣。老人气弱骨疏，风冷易伤腠理，备夹衣遇暖易之，一重渐一重，不可暴去。"这也是俗话所谓的"春捂"。

❹ 春分

在每年阳历3月19日至21日。春分对人体而言，意义仅次于夏至、冬至，对健康也有较大的影响。春天是高血压病多发的季节，也容易产生眩晕、失眠等症，还是精神病的好发时间，所以调摄情志颇为重要。

❺ 清明

在每年阳历4月4日至6日。此时阴雨潮湿，容易使人产生疲倦嗜睡的感觉，而乍暖乍寒的多变天气容易使人受凉感冒，发生扁桃体炎、支气管炎、肺炎等病。春季又是呼吸道传染病如白喉、猩红热、百日咳、麻疹、水痘、流脑等疾患的多发季节。清明以后，多种慢性疾病易复发，如关节炎、精神病、哮喘等，有慢性病的人在这段时间内要忌食发物，如海鱼、海虾、海蟹、咸菜、竹笋、毛笋、羊肉、公鸡等，以免旧病复发。

❻ 谷雨

在每年阳历4月19日至21日。由于气温升高和雨量增加，人体在这段时间内更为困乏，所以要注意锻炼身体，活动筋骨，增强身体的活力。

春季进补的方法

春季食补的方法

　　春季膳食当由冬季的膏粱厚味转变为清温平淡，多食时鲜蔬菜，如春笋、菠菜、芹菜等。应适量食用动物性食品，少吃肥肉等高脂肪食物。注意少食辛辣刺激性食品，尤其应少喝或不喝烈性酒。要注意全面营养，按时就餐，消化功能差时采取少食多餐的方法，保证营养的摄入。多吃新鲜熟透的水果，有益于健康。鸡肝味甘而温，可补血养肝，是食补佳品。菠菜具有滋阴润燥、疏肝养血的作用，如做汤加入动物血，可治疗肝气不疏。

　　适合春季进补的食品：

　　糯米、粳米、栗子、白扁豆、莲子、大枣、荔枝、菠菜、牛肉、猪肚、菱角、羊肚、黄羊肉、牛肚、鸡肉、鸡肝、驴肉、鹌鹑肉、鹌鹑蛋、鸭血、鲫鱼、黄鳝、鸽肉、青鱼等。

春季药补的方法

　　滋补选药组方要兼顾肝的生理特点，加入疏肝理气（柴胡、佛手、郁金、陈皮）、平肝潜阳（珍珠母、龙骨、牡蛎、滁菊）、清肝宁神（赤白芍、丹皮、枣仁）、柔肝和脾（当归、白芍、沙参、谷芽）等药。春季人体中阳气渐升，阴血相对不足，宜进服养血滋阴之品。

　　适合春季进补的药材：

　　人参、党参、黄芪、茯苓、白术、黄精、山药、熟地、太子参等。

糖醋芹菜叶

[原料]

芹菜叶250克

[调料]

酱油、陈醋、香油、白糖、盐各适量

[制作方法]

1. 在碗中加入适量陈醋、香油、白糖、酱油和盐，搅拌均匀制成调味汁备用。
2. 芹菜叶洗净，放入沸水中略烫，捞出控去水分，切碎备用。
3. 将调味汁浇在芹菜碎上，拌匀即可食用。

芹菜拌香干

[原料]

香干、芹菜各150克，胡萝卜30克

[调料]

白糖、香油、盐各适量

[制作方法]

1. 香干用清水冲洗，切丁，备用。
2. 芹菜摘去老叶，去根洗净，切丁。胡萝卜洗净，去皮切丁。
3. 锅中烧适量沸水，分别将香干和芹菜丁、胡萝卜丁焯一下，捞出沥干水分。
4. 芹菜丁、胡萝卜丁、香干丁放入盘中，加入适量香油、白糖、盐调味即可食用。

芹菜拌猪肝

[原料]
猪肝150克，芹菜250克，胡萝卜30克

[调料]
香油、胡椒粉、盐各适量

[制作方法]
1. 芹菜去叶、去根，洗净，切段，倒入沸水锅中略烫至熟，捞出沥去水分，晾凉。胡萝卜去皮，洗净，切长条。
2. 猪肝洗净，切片，倒入沸水锅中烫熟，捞出沥去水分。
3. 将猪肝片、芹菜段、胡萝卜条放入容器中，加盐、香油、胡椒粉，拌匀入味，装盘即可。

凉拌芹菜

[原料]
芹菜100克

[调料]
醋、香油、盐各适量

[制作方法]
1. 芹菜去叶去老筋后，洗净切成段。
2. 烧开一锅水，把切好的芹菜放进去，直至变色捞出。捞出后立刻过凉开水。
3. 冷却之后捞出，沥干水分，加入盐、醋、香油，搅拌均匀即可食用。

牡蛎拌菠菜

[原料]
菠菜250克，牡蛎150克

[调料]
香油、盐各适量

[制作方法]
1. 牡蛎去壳留肉，洗净后沥去水分备用。菠菜洗净，倒入沸水中略焯，捞出切成段备用。
2. 锅中加适量清水，倒入牡蛎肉煮熟，捞出沥去水分备用。
3. 菠菜段和牡蛎肉放入盘中，加入适量香油、盐调味，拌匀即可。

凉拌粉皮

[原料]
绿豆粉皮200克，胡萝卜、黄瓜、金针菇各50克

[调料]
醋、酱油、香油、盐各适量

[制作方法]
1. 绿豆粉皮切条。胡萝卜洗净，去皮，切丝。黄瓜洗净，切丝。金针菇去根，洗净撕散。
2. 将胡萝卜丝和金针菇放入沸水锅中汆烫，捞出，过凉水，沥干。
3. 将绿豆粉皮放盛器中，放胡萝卜丝、金针菇、黄瓜丝，用醋、酱油、盐、香油调味，拌匀装盘即可。

肉末鲜豌豆

[原料]

五花肉300克，豌豆粒200克

[调料]

胡椒粉、淀粉、鲜汤、猪油、白糖、盐各适量

[制作方法]

1. 五花肉洗净，剁成细粒。豌豆粒洗净，捞出沥水。

2. 锅入猪油烧热，下入猪肉粒炒散至断生，再放入豌豆煸炒1分钟，加入鲜汤、胡椒粉、盐煮约5分钟，再加入白糖，用淀粉勾成稀芡汁，起锅盛入汤碗中即可。

肉末烩菠菜

[原料]

菠菜、肉末各200克，粉丝50克，木耳20克

[调料]

酱油、盐各适量

[制作方法]

1. 菠菜洗净切段。

2. 锅中加入清水烧沸，分别放入菠菜段、木耳焯熟，捞出沥水，加油略炒放盘中。

3. 锅加油烧热，炒香肉末，加粉丝、盐、酱油炒匀，勾芡，浇在菠菜上即可。

麻花炒肉片

[原料]

猪里脊肉200克，麻花50克，彩椒少许

[调料]

葱段、水淀粉、色拉油、料酒、盐各适量

[制作方法]

1. 里脊肉切成片，加盐、水淀粉、料酒拌匀上浆。

2. 彩椒洗净，切片。

3. 锅入色拉油，烧至110℃时将肉片滑油至熟，捞出沥油。锅留底油，煸香葱段和彩椒片，加水、盐，用水淀粉勾芡，倒入肉片和麻花翻拌均匀，即可装盘。

黄瓜炒猪肝

[原料]

猪肝250克，黄瓜350克，木耳100克

[调料]

水淀粉、料酒、花生油、盐、酱油、葱末、姜末、蒜末各适量

[制作方法]

1. 黄瓜洗净切片。水淀粉中加盐。猪肝洗净切片，裹上水淀粉。

2. 锅入油烧至八成热，放猪肝，滑散后盛出。

3. 锅内入花生油，油热七成时加入葱末、姜末、蒜末、黄瓜片、木耳翻炒，然后将先前滑好的猪肝倒入，加料酒、酱油、盐、水调味，翻炒，水淀粉勾芡即可。

蘑菇兔肉

[原料]

兔肉200克，蘑菇150克，鸡蛋清20克

[调料]

葱花、姜丝、胡椒粉、水淀粉、植物油、酱油、料酒、盐各适量

[制作方法]

1. 兔肉洗净，切成细丝，加入盐、料酒、鸡蛋清、水淀粉上浆。

2. 锅入植物油烧热，下入兔肉丝炒散，捞出控油。蘑菇用沸水焯烫，撕成小片。

3. 另起锅入植物油烧热，入姜丝、蘑菇片煸炒，加入料酒、酱油，加入盐、胡椒粉、兔肉丝炒匀，用水淀粉勾芡，撒葱花即可。

米酒烧兔肉

[原料]

兔肉1000克，马蹄500克

[调料]

葱段、姜片、泡椒丁、南乳、辣妹子酱、五香粉、生抽、料酒各适量

[制作方法]

1. 兔肉洗净，切块，放入沸水中余一下，撇去浮沫，沥干。马蹄去皮洗净，对半切开。

2. 锅入油烧热，下入姜片、泡椒丁，倒入兔肉块翻炒，加入料酒、五香粉、辣妹子酱、生抽、南乳爆炒，加入马蹄、水旺火煮开，转中火焖至兔肉块酥烂，加入葱段，旺火收汁，装盘即可。

胡萝卜烧鸡块

[原料]

鸡腿150克，胡萝卜100克

[调料]

植物油、花椒、盐各适量

[制作方法]

1. 胡萝卜洗净后切块。鸡腿洗净，切块备用。

2. 锅中加植物油，放入花椒炸香，捞出，放入胡萝卜块，加适量水烧开，煮熟，盛出。

3. 锅中加适量植物油，放入鸡块煸炒至变色，加适量清水，加盖焖熟，放入胡萝卜块，继续收汁，烧至熟透，加盐调味即可食用。

羊肝焖鳝鱼

[原料]

黄鳝300克，羊肝100克，花生仁30克

[调料]

姜片、蚝油、料酒、花生油、酱油、醋、白糖、盐各适量

[制作方法]

1. 黄鳝处理干净，去骨洗净，切段，放入沸水锅中加料酒、醋焯水，捞出，冲洗干净。

2. 羊肝洗净，切片，和鳝鱼段加料酒、酱油腌渍片刻。

3. 锅入花生油烧热，放入姜片爆锅，放入羊肝片、鳝鱼段煸炒，放入花生仁，加水，用蚝油、白糖、酱油、盐调味，开锅后转小火焖至熟透入味即可。

生菜豆腐

[原料]

嫩生菜叶100克，豆腐200克，水发木耳10克

[调料]

白胡椒粉、橄榄油、鲜汤、醋、盐各适量

[制作方法]

1. 嫩生菜叶洗净，沥干水分，切段。豆腐洗净，切长方形块。水发木耳洗净，切丝。

2. 锅中倒入鲜汤、豆腐块旺火煮沸，去浮沫，倒入橄榄油，放入生菜叶，用筷子搅拌一下，使菜叶浸入汤中，盖上锅盖，旺火煮沸后，再加入盐、白胡椒粉、醋调味，放入木耳丝煮开即可。

素菜锅

[原料]

臭豆腐20克，大白菜、木耳、香菇、草菇、金针菇、腐皮、面筋各50克

[调料]

清香汤底、鸡粉、胡椒粉、盐各适量

[制作方法]

1. 臭豆腐切四等份。木耳泡发，切片。香菇、大白菜、草菇、金针菇洗净，沥干水分，入沸水锅中汆烫至熟。

2. 取砂锅，将清香汤底放入锅中，加入木耳、腐皮、面筋、香菇、大白菜、草菇、金针菇、臭豆腐、鸡粉、胡椒粉、盐拌煮一下，待沸腾后即可。

菜卷青豆汤

[原料]

白菜帮300克，猪肉馅200克，青豆30克

[调料]

葱花、姜汁、高汤、香油、料酒、盐各适量

[制作方法]

1. 白菜中层帮洗净，放入沸水中焯烫，捞出沥水。猪肉馅放入碗中，加姜汁、料酒、葱花拌匀。

2. 白菜帮铺平，放入肉馅卷好，固定紧实后划刀，入蒸锅蒸熟，取出。

3. 汤锅中加入适量高汤烧沸，下入白菜卷、青豆旺火煮沸，加盐调味，淋香油，出锅即可。

欧式蔬菜汤

[原料]

大番茄300克，小番茄150克，大白菜100克，小黄瓜、腰果、扁豆、胡萝卜、西洋芹各50克

[调料]

迷迭香、月桂叶、意大利香料、红糖、盐、九层塔叶各适量

[制作方法]

1. 大番茄洗净，用料理机打成糊状。小番茄洗净，切片留用。

2. 胡萝卜、西洋芹、大白菜、小黄瓜及番茄加水4杯，煮至熟透。

3. 加入煮熟的腰果、扁豆、盐、红糖及所有调料，再煮20分钟。上桌前放入小番茄、九层塔叶即可。

铜锅腊蹄炖山药

[原料]

腊猪蹄350克，山药200克

[调料]

葱花、姜片、高汤、白酒、鸡汁、小红枣、枸杞、色拉油、盐各适量

[制作方法]

1. 猪蹄洗净，剁为两半，改刀成方块，入沸水锅中焯水。

2. 锅入色拉油烧热，下入葱姜爆香，加入猪蹄，倒入高汤、白酒旺火烧开，移至砂锅煲熟。

3. 山药洗净，去皮，切滚刀块，下入砂锅中同猪蹄一同煲至九成熟，放入盐、鸡汁、小红枣、枸杞文火煲至猪蹄酥软，拣去葱花、姜片即可。

野鸭山药汤

[原料]

野鸭300克，山药200克

[调料]

料酒、盐各适量

[制作方法]

1. 野鸭去内脏，洗净，加水煮熟，捞出晾凉后，去骨，切成小块，汤汁撇去浮沫后留用。

2. 山药去皮，洗净，切小块，加水稍煮。

3. 煮熟的山药与鸭块一起倒入原汤汁内，加料酒、盐、煮至汤沸，出锅装盘即可。

山药烩香菇

[原料]

去皮山药300克，水发香菇、胡萝卜各100克，红枣50克

[调料]

葱段、胡椒粉、色拉油、酱油、盐各适量

[制作方法]

1. 去皮山药、水发香菇、胡萝卜分别洗净，切片。红枣洗净泡透，去核。

2. 锅入色拉油烧至六成热，下入葱段煸香，放入山药片、香菇片和胡萝卜片略炒，加入红枣、酱油及适量清水，用旺火烧沸，转中火煮至山药、红枣熟透，加入盐、胡椒粉调味，出锅即可。

鲜虾菠菜炖蛋

[原料]

虾仁50克，菠菜200克，鸡蛋60克，粉丝50克

[调料]

姜丝、高汤、香油、植物油、盐各适量

[制作方法]

1. 菠菜洗净，切段，粉丝温水泡软。虾仁洗净，去沙线，放沸水锅中汆烫，捞出备用。鸡蛋打散，放入锅中炒熟，倒出备用。

2. 锅中加植物油烧热，放入姜丝炒香，倒入高汤、虾仁、菠菜、粉丝、鸡蛋，煮开后用盐调味，淋香油，出锅即可。

胡萝卜煮蘑菇

[原料]

胡萝卜、蘑菇、西蓝花各150克，黄豆50克

[调料]

色拉油、白糖、盐各适量

[制作方法]

1. 胡萝卜去皮，洗净，切成小块。蘑菇洗净，切件。黄豆洗净，泡透，蒸熟。西蓝花洗净，改成小朵。

2. 锅入色拉油烧热，放入胡萝卜、蘑菇翻炒，倒入清汤，用中火煮至胡萝卜块软烂，下入泡透的黄豆、西蓝花，调入盐、白糖煮透即可食用。

木瓜胡萝卜骨头汤

[原料]

鲜猪排骨250克，胡萝卜100克，鲜熟木瓜1个（约500克），蜜枣10克

[调料]

姜、盐各适量

[制作方法]

1. 猪排骨洗净绰水，去掉血渍。木瓜去皮去芯。胡萝卜洗净，切块。蜜枣洗净。姜切片。

2. 将所有食材放入电压力锅内，加入适量清水。盖上盖子之后，按下煲汤键。

3. 待汤炖好之后，加入适量的盐调味，即可出锅食用。

玉米胡萝卜排骨汤

[原料]

猪排骨100克，玉米80克，胡萝卜50克

[调料]

姜、葱、盐各适量

[制作方法]

1. 猪排骨洗净，放入沸水锅中焯烫，捞出，用冷水冲洗干净。

2. 玉米洗净，切小段。胡萝卜去皮，洗净，切块。葱、姜洗净，葱切段，姜切片。

3. 锅中放入排骨，加清水、姜片烧开，转小火焖煮约45分钟，加入胡萝卜，玉米续煮10分钟。拣出葱段，加盐调味，继续煮至熟透入味，出锅即可。

荸荠芹菜降压汤

[原料]

芹菜、番茄、紫菜、荸荠、洋葱各100克

[调料]

盐适量

[制作方法]

1. 荸荠削皮洗净。芹菜择洗净，切段，备用。

2. 紫菜用清水浸泡，除去泥沙。番茄洗净，切片。洋葱去皮，切细丝。

3. 炒锅内注入适量水，放入荸荠、芹菜段、番茄片、紫菜、洋葱丝，旺火烧开，加入盐调味，文火煮1小时即可。

陈皮萝卜煮肉圆

[原料]

羊肉400克，白萝卜300克，陈皮5克

[调料]

姜、香菜、胡椒粉、盐各适量

[制作方法]

1. 羊肉洗净，剁成肉馅，加入盐搅拌均匀。白萝卜、陈皮、姜均洗净，切成丝备用。

2. 锅入适量清水烧开，放入萝卜丝烫熟，取出放入碗中，汤中加入陈皮、姜，用手将肉馅挤成丸子，放入锅中煮熟，加盐、胡椒粉调味，倒入碗中，撒入香菜即可。

糖拌番茄

[原料]

番茄200克

[调料]

绵白糖适量

[制作方法]

将番茄洗净，用开水烫一下，去蒂和皮，一切两半，再切成月牙块，装入盘中，加白糖，拌匀即成。

番茄胡萝卜汤

[原料]

番茄150克，胡萝卜100克

[调料]

盐适量

[制作方法]

1. 胡萝卜洗干净去皮，然后打成泥。

2. 将番茄在温水中浸泡，把番茄的皮去掉，再搅拌成汁。

3. 锅中加入清水，等水沸腾后放入胡萝卜泥和番茄汁，用大火煮开，熟透后加盐调味，出锅即可。

杏仁竹笋煮青菜

[原料]

水发竹笋50克，油菜心200克，杏仁片20克

[调料]

姜丝、鸡粉、白糖、植物油、盐各适量

[制作方法]

1. 竹笋洗净，切块。油菜心洗净，切碎。杏仁片用微波炉烤熟。

2. 炒锅放植物油烧热，放入姜丝爆香，放入油菜心翻炒，撒盐炒匀，倒入适量开水，加入鸡粉、白糖，放入竹笋块，煮熟后盛入碗中，撒上杏仁片即可。

清汁煮竹笋

[原料]

竹笋200克，虾肉250克，海带100克

[调料]

木鱼花水、清汤、淡口酱油、清酒、盐各适量

[制作方法]

1. 以旺火煲清汤、竹笋至熟，处理洗净、去壳。虾肉剁碎，蒸熟成虾丸备用。

2. 竹笋、木鱼花水、淡口酱油、清酒、盐调匀后烧沸，改以文火浸煮竹笋和海带约10分钟。

3. 食用时将煮竹笋的汤汁加热，再放入虾丸、竹笋烧开即可。

油菜香菇汤

[原料]

油菜300克，香菇200克

[调料]

高汤、料酒、盐各适量

[制作方法]

1. 油菜择洗净，一切为二。

2. 香菇用温水浸透，去柄洗净。

3. 锅中加入适量高汤烧沸，加入香菇、料酒，煮至香菇熟软时，下入油菜煮至翠绿，放入盐调味，盛出装盘即可。

美味健身菜
MEIWEI JIANSHENCAI

当归香菇汤

[原料]

冻豆腐200克，干香菇100克，当归、枸杞、红枣各50克，腰果20克

[调料]

素高汤粉、盐各适量

[制作方法]

1. 冻豆腐洗净，切方丁。干香菇温水泡发，切块。
2. 腰果用沸水烫一下捞出。枸杞、红枣用温水清洗。
3. 锅内放入清水，放入冻豆腐丁、香菇块、当归、枸杞、红枣、腰果，加入素高汤粉、盐调味，盛入碗中，放入蒸锅蒸熟，出锅即可。

香菇烩芥菜

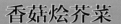

[原料]

鲜香菇400克，芥菜心、鸡腿菇、胡萝卜各100克

[调料]

清汤、水淀粉、香油、盐各适量

[制作方法]

1. 新鲜香菇、鸡腿菇分别洗净。芥菜心切除老茎，洗净，切段，放入沸水锅中焯烫至断生，捞出，凉水冲凉，取出沥干。胡萝卜去皮，切花片。
2. 锅入清汤烧开，放入鸡腿菇、香菇、胡萝卜片略煮，放入芥菜心片、盐煮熟，水淀粉勾芡，滴入香油即可。

香菇瘦肉锅

[原料]

香菇50克，猪瘦肉100克，粉丝50克，菜花50克，甜豆30克

[调料]

姜片、香菜叶、胡椒粉、盐、清汤各适量

[制作方法]

1. 香菇温水泡软。猪瘦肉洗净，切厚片。粉丝泡软。菜花切小朵。甜豆择洗干净。

2. 锅中加清汤烧开，放入香菇、姜片煮出香味，再放入猪瘦肉片、菜花、甜豆、粉丝，文火煮5分钟，用盐、胡椒粉调味，撒香菜叶，出锅即可。

芝麻核桃汤

[原料]

黑芝麻、核桃肉、柏子仁各50克

[调料]

蜂蜜适量

[制作方法]

1. 黑芝麻、核桃肉、柏子仁一同捣烂成泥，放入盛器中。

2. 食用时在盛器中加入蜂蜜，用沸水冲泡即可。

米露煮香芋地瓜

[原料]

瘦肉200克，香芋、红薯各100克

[调料]

香菜末、米露、盐各适量

[制作方法]

1. 瘦肉洗净，切块，放入沸水汆烫，捞出备用。

2. 香芋洗净，去皮，切成块。红薯去皮，洗净，切块备用。

3. 取一深锅，将米露倒入锅中，放入瘦肉、香芋、薯块、盐煮沸，待汤汁见浓，撒入香菜末即可。

肉炖豆腐

[原料]

豆腐300克，熟五花肉150克，小白菜100克

[调料]

香菜段、葱丁、清汤、猪油、料酒、酱油、白糖、盐各适量

[制作方法]

1. 豆腐切块，入油锅中煎黄。

2. 小白菜洗净，切成段，入沸水中烫熟。熟五花肉切成长方块。

3. 锅入猪油烧热，放入白糖炒变色，入五花肉块、葱丁、料酒、酱油炒匀，倒入砂锅中，加清汤烧开，转文火炖至熟烂，入豆腐块、小白菜段，加盐调味，炖至汤汁浓稠，撒香菜段即可。

花腩炖油菜

[原料]

带皮五花肉350克，油菜200克，粉条30克

[调料]

葱段、姜末、酱油、料酒、白糖各适量

[制作方法]

1. 带皮五花肉洗净，切块，加酱油、料酒、白糖、姜片、葱段拌匀，腌2小时。油菜洗净，切段。粉条用温水泡软。

2. 把腌过的五花肉肉皮朝下，摆放大碗中，放入粉条，把腌过肉片的调料倒在上面，盖上油菜。

3. 原碗放入锅内，用旺火隔水炖约3小时，至肉酥烂即端出，去姜、葱，覆扣在碟中上桌。

菠菜猪血汤

[原料]

菠菜400克，猪血200克，豆腐100克

[调料]

香油、盐各适量

[制作方法]

1. 将菠菜洗净，切段，倒入沸水中略焯，捞出沥去水分备用。

2. 猪血洗净，切块备用。豆腐洗净，切条备用。

3. 锅中加适量清水，倒入猪血块、豆腐条，大火煮沸。将菠菜倒入锅中，再次煮沸，加适量盐和香油调味即可出锅食用。

白菜猪肝汤

[原料]

猪肝200克，白菜200克

[调料]

葱、姜、植物油、盐各适量

[制作方法]

1. 将猪肝洗净切片，白菜洗净切片，葱洗净切段，姜洗净后切丝备用。

2. 锅中加适量植物油，烧热后下葱段、姜丝炝锅，倒入适量清水，开大火煮沸。

3. 将猪肝倒入锅中，煮熟后捞出，放入碗中备用。

4. 白菜片倒入锅中，加适量盐调味，煮熟后倒入装有猪肝的碗中即可。

黄豆芽炖猪手

[原料]

猪蹄300克，黄豆芽、粉条各100克

[调料]

姜、胡椒粉、鲜汤、盐各适量

[制作方法]

1. 黄豆芽择洗干净。猪蹄洗净，剁成块，用沸水氽去血水。

2. 锅入鲜汤烧开，放入处理好的猪蹄，待软离骨，下黄豆芽、粉条煮至断生，加入盐、胡椒粉、姜调味，出锅即可。

菠菜牛丸汤

[原料]
菠菜300克，牛肉150克，鸡蛋60克

[调料]
盐、姜各适量

[制作方法]
1. 将菠菜洗净后用滚水烫至熟软，然后切成细末备用。
2. 牛肉切成馅状，加入菠菜、鸡蛋、姜、盐等搅拌均匀后做成丸子。
3. 锅中加适量清水煮开，放入丸子煮至浮起，加入盐调味，即可出锅。

生地羊腰汤

[原料]
羊腰子350克

[调料]
姜片、生地黄、枸杞、胡桃肉、杜仲、盐各适量

[制作方法]
1. 羊腰子洗净，从中间切为两半，除去白色脂膜，再次冲洗干净，切片。
2. 胡桃浸于沸水中片刻，捞出除去表皮。生地黄、枸杞冲洗干净。
3. 锅入油烧热，放入羊腰子片，加姜片翻炒片刻，加水适量，放入枸杞、生地黄、胡桃肉、杜仲，加盐调味，烧开后改文火将羊腰子炖至熟烂即可。

黄豆荸荠兔肉汤

[原料]

黄豆50克，荸荠50克，兔肉200克

[调料]

盐适量

[制作方法]

1. 黄豆加温水泡软。荸荠去皮洗净，切厚片。

2. 兔肉洗净，切成块，放沸水锅中焯水，捞出洗净备用。

3. 黄豆、荸荠放入锅内，加清水适量，旺火煮沸后放入兔肉块，再煮沸后改文火煲1.5小时，加少许盐调味，出锅即可食用。

双菇烩兔丝

[原料]

兔肉300克，草菇、香菇各80克，鸡蛋清30克

[调料]

香菜叶、植物油、香油、酒、淀粉、酱油、白糖、水淀粉、胡椒粉、盐各适量

[制作方法]

1. 香菇、草菇洗净，切片。兔肉洗净，切丝，加鸡蛋清、淀粉、酱油和酒搅拌均匀，腌渍片刻。

2. 锅中加植物油烧热，倒入兔肉丝炒熟，盛出。

3. 锅入植物油烧热，放草菇片、香菇片翻炒，放兔丝、水、白糖、胡椒粉、酱油、盐煮沸，水淀粉勾芡，淋香油，撒香菜叶即可。

乌豆鲤鱼汤

[原料]

鲜鲤鱼300克，黑豆150克

[调料]

盐各适量

[制作方法]

1. 将鲤鱼洗净，去鳞、去内脏。

2. 黑豆洗好后，塞入鲤鱼腹中，把裂口缝合。

3. 将鲤鱼放入清水锅中，旺火烧开后改文火，熬至鱼、豆均烂熟成浓汤，加入适量盐调味即可食用。

鲤鱼酸汤

[原料]

鲤鱼350克，茶叶10克

[调料]

醋、盐各适量

[制作方法]

1. 鲤鱼刮去鳞、内脏，洗净，切段。

2. 将鲤鱼放入锅内，倒入醋、茶叶，加适量清水，以文火煨至鱼熟，加适量盐调味即可。

番茄鳝鱼汤

[原料]

鳝鱼肉100克，番茄50克

[调料]

葱段、姜片、胡椒粉、香油、料酒、盐各适量

[制作方法]

1. 鳝鱼肉洗净，切段，入沸水锅中焯水，沥干水分。番茄洗净，用沸水焯烫，去皮，切块。

2. 锅入油烧至五成热，放入鳝鱼略煎，加姜片、葱段炒香，倒入料酒、清水，旺火烧开，撇去浮沫，把汤倒入砂锅，再加入适量盐调味，放入番茄，中火煮至汤呈奶白色，再撒入胡椒粉，淋入香油即可。

鲳鱼汤

[原料]

鲳鱼300克，豆腐50克

[调料]

姜丝、花生油、枸杞、盐各适量

[制作方法]

1. 鲳鱼去内脏，去鳞，刮洗干净。豆腐切方块。枸杞用温水泡洗。

2. 锅入花生油烧热，下入姜丝爆锅，倒入适量清水煮开，放入鲳鱼、豆腐再次煮开，以文火煮至鱼熟烂，加盐调味，投入枸杞，出锅即可。

奶汤竹荪鲍鱼

[原料]

鲍鱼50克，竹荪30克，莴笋50克

[调料]

胡椒粉、奶汤、盐各适量

[制作方法]

1. 竹荪洗净，温水泡发。鲍鱼洗净后入沸水锅煮熟，去壳和内脏，留肉洗净。
2. 莴笋洗净去皮，切球形，放沸水锅烫一下，捞出备用。
3. 锅中加入奶汤煮开，加入竹荪、莴笋球，烧开后用盐、胡椒粉调味，放入鲍鱼肉，烧开后出锅即可。

赤肉煲干鲍鱼

[原料]

水发干鲍鱼300克，瘦猪肉100克，桂圆肉10克

[调料]

葱花、姜片、枸杞、桂圆肉、胡椒粉、鸡汤、料酒、盐各适量

[制作方法]

1. 水发干鲍鱼洗净，剞十字花刀。瘦猪肉洗净，切块。将水发干鲍鱼、瘦猪肉块入沸水锅中焯水，捞出，沥干水分。
2. 锅中放入鸡汤，加入葱花、姜片、料酒、桂圆肉、枸杞、瘦肉块、干鲍鱼烧开，转文火煲90分钟，再放入盐、胡椒粉调味，出锅即可。

枸杞山药瘦肉粥

[原料]

山药、猪肉各200克，大米100克，枸杞20克

[调料]

葱花、盐各适量

[制作方法]

1. 山药去皮洗净，切块。猪肉洗净，切块。枸杞洗净。大米淘洗干净，泡发。

2. 锅入适量清水，下入大米、山药块、枸杞，旺火烧开，改中火，下入猪肉块，煮至猪肉熟透，改小火煮至粥成，加入盐调味，撒上葱花即可。

胡萝卜山药大米粥

[原料]

胡萝卜、山药各60克，大米200克

[调料]

盐各适量

[制作方法]

1. 山药去皮洗净，切块。大米洗净，泡发。胡萝卜洗净，切丁。

2. 锅入适量清水，放入大米，旺火煮至米粒绽开，放入山药块、胡萝卜丁，改用小火煮至粥成，放入盐调味，装碗即可。

芹菜粥

[原料]
芹菜50克，粳米100克

[调料]
盐适量

[制作方法]
1. 粳米洗净备用。
2. 芹菜洗净，切成段备用。
3. 锅中加适量清水，倒入粳米和芹菜段，大火煮沸后改小火熬煮成粥，加适量盐调味即可。

山药鸡蛋南瓜粥

[原料]
山药、南瓜各50克，粳米200克，鸡蛋黄1个

[调料]
盐适量

[制作方法]
1. 山药去皮洗净，切块。南瓜去皮洗净，切丁。粳米泡发洗净。
2. 锅内倒入水，放入粳米，用大火煮至米粒绽开，放入鸡蛋黄、南瓜丁、山药块。
3. 改用小火煮至粥稠、闻到香味时，放入盐调味，出锅即可。

山药芝麻小米粥

[原料]

山药30克，小米50克

[调料]

黑芝麻、葱花、盐各适量

[制作方法]

1. 小米泡发洗净。山药洗净，切丁。黑芝麻洗净。

2. 锅置火上，倒入清水，放入小米、山药煮开。

3. 加入黑芝麻同煮至浓稠状，调入盐拌匀，撒上葱花即可。

山药鸡蓉粥

[原料]

鸡肉泥20克，山药30克，白粥60克

[制作方法]

1. 山药去皮洗净，切成丁状放入滚水中氽烫取出备用。

2. 取一小汤锅加适量水，放入山药与鸡肉泥以中火煮软后，加入白粥拌匀，煮开出锅即可。

南瓜菠菜粥

[原料]
南瓜、菠菜、豌豆各50克，大米100克

[调料]
盐适量

[制作方法]
1. 南瓜去皮洗净，切丁。豌豆洗净。菠菜洗净，切成小段。大米泡发洗净。
2. 锅置火上，倒入适量清水后，放入大米用大火煮至米粒绽开，放入南瓜、豌豆，改用小火煮至粥浓稠，最后下入菠菜再煮3分钟，调入盐，搅匀入味即可。

南瓜山药粥

[原料]
南瓜、山药各50克，大米200克

[调料]
盐适量

[制作方法]
1. 大米洗净，泡发1小时备用。山药，南瓜去皮洗净，切块。
2. 锅置火上，倒入清水，放入大米，开大火煮至沸开。
3. 再放入山药、南瓜煮至米粒绽开，改用小火煮至粥成，调入盐入味即可。

红枣菠菜粥

[原料]

粳米100克，菠菜50克，红枣30克

[制作方法]

1. 菠菜洗净，切碎，备用。

2. 红枣、粳米洗净后，放入锅中加水，用小火煮成粥。

3. 待粥熟后加入切碎的菠菜一起再次煮开即可。

瘦肉番茄粥

[原料]

番茄、瘦肉各100克，大米300克

[调料]

盐、葱花、香油各适量

[制作方法]

1. 番茄洗净，切成小块。猪肉洗净切丝。大米淘净，泡半小时。

2. 锅中放入大米，加适量清水，大火烧开，改用中火，下入猪肉，煮至猪肉变熟。

3. 改用小火，放入番茄，慢熬成粥，下入盐调味，淋上香油，撒上葱花即可。

萝卜干肉末粥

[原料]

萝卜干30克，猪肉50克，大米100克

[调料]

盐、姜末、葱花各适量

[制作方法]

1. 萝卜干洗净，切段。猪肉洗净，剁粒。大米洗净。

2. 锅中倒入水，放入大米、萝卜干烧开，改中火，下入姜末、猪肉粒，煮至猪肉熟。

3. 改小火熬至粥浓稠，下入盐调味，撒上葱花即可。

萝卜瘦肉粥

[原料]

猪肉50克，糯米100克，白萝卜、胡萝卜各30克

[调料]

盐、葱花各适量

[制作方法]

1. 白萝卜、胡萝卜均洗净，切丁。猪肉洗净，切丝。糯米淘净，用清水泡发。

2. 锅中倒入水，下入糯米煮开，改中火，放入胡萝卜、白萝卜煮至粥稠冒泡。

3. 再下入猪肉熬制粥成，调入盐入味，撒上葱花即可。

胡萝卜玉米粥

[原料]

木瓜、胡萝卜、玉米粒各50克，大米150克

[调料]

葱花、盐各适量

[制作方法]

1. 大米洗净，泡发。木瓜、胡萝卜去皮洗净，切成小丁。玉米粒洗净。

2. 锅入适量清水，放入大米，用旺火煮至米粒开花，再放入木瓜丁、胡萝卜丁、玉米粒煮至粥浓稠，放入盐调味，出锅装碗，撒上葱花即可。

胡萝卜菠菜粥

[原料]

胡萝卜、菠菜各100克，大米200克

[调料]

盐适量

[制作方法]

1. 大米洗净，泡发。菠菜洗净，切段。胡萝卜洗净，切丁。

2. 锅入适量清水，放入大米，用旺火煮至米粒绽开，放入菠菜段、胡萝卜丁，改用小火煮至粥成，加入盐调味，装碗食用。

芋头芝麻粥

[原料]
大米150克，鲜芋头80克，黑芝麻、玉米糁各50克

[调料]
白糖适量

[制作方法]

1. 大米洗净，泡发，捞起沥干水分。芋头去皮洗净，切成小块。黑芝麻、玉米糁洗净。

2. 锅入适量清水，放入大米、玉米糁、芋头，旺火煮熟，放入黑芝麻，改用小火煮成粥，调入白糖，出锅即可。

香菇红豆粥

[原料]
红豆30克，粳米150克，水发香菇30克

[调料]
盐适量

[制作方法]

1. 将红豆洗净，倒入锅中，加适量清水煮熟，关火备用。水发香菇洗净，切丝。

2. 另一锅中加适量清水，倒入洗净的粳米，开大火煮沸。

3. 将煮好的红豆连汤汁一起倒入米粥中，改小火熬煮至豆烂米熟，加入香菇丝，用适量盐调味，开锅装碗即可。

香菇鸡肉包菜粥

[原料]

大米100克，鸡脯肉、包菜、香菇各30克

[调料]

料酒、盐、葱花各适量

[制作方法]

1. 鸡脯肉洗净，切丝，用料酒腌渍。包菜洗净，浸泡半小时后，捞出沥干水分。

2. 锅中加适量清水，放入大米，大火烧沸，下入香菇、鸡肉、包菜，转中火熬煮。

3. 小火将粥熬好，加盐调味，撒上少许葱花即可。

香菇鸡翅粥

[原料]

大米100克，鸡翅50克，香菇30克

[调料]

葱花、胡椒粉、盐各适量

[制作方法]

1. 香菇泡发切块。大米洗净后泡水1小时。鸡翅洗净。

2. 将米放入锅中，加入适量水，大火煮开，加入鸡翅、香菇块同煮。

3. 煮至呈浓稠状时，加盐、胡椒粉调味，出锅装碗，撒上葱花即可。

香菇猪蹄粥

[原料]
大米100克，净猪蹄400克，水发香菇30克

[调料]
盐、姜末、香菜各适量

[制作方法]
1. 大米淘净，浸泡半小时后捞出沥干水分。猪蹄洗净，砍成小块，再下入锅中炖熟，捞出。香菇洗净，切成薄片。
2. 大米入锅，加水煮沸，下入猪蹄、香菇、姜末，再中火熬煮至米粒开花。待粥熬出香味，调入盐，撒上香菜即可。

花菜香菇粥

[原料]
花菜、鲜香菇、胡萝卜各30克，大米150克

[调料]
盐适量

[制作方法]
1. 大米洗净。花菜洗净，撕成小朵。胡萝卜洗净。切成小块。香菇泡发洗净，切条。
2. 锅置火上，倒入清水，放大米煮至米粒绽开后，放花菜、胡萝卜、香菇。
3. 改用小火煮至粥成后，加入盐调味，即可食用。

猪肉鸡肝粥

[原料]
大米200克，鸡肝、猪肉各100克

[调料]
葱花、料酒、盐各适量

[制作方法]
1. 大米淘净，泡发。鸡肝用水泡洗干净，切片。猪肉洗净，剁成末，用料酒腌渍片刻。
2. 锅入清水，放入大米，用旺火烧开，放入鸡肝片、猪肉末，转中火熬煮，待熬煮成粥，加入盐调味，撒上葱花即可。

猪腰香菇粥

[原料]
大米200克，猪腰、香菇各150克

[调料]
盐、葱花各适量

[制作方法]
1. 香菇洗净，对切。猪腰洗净，去腰臊，切上花刀。大米淘净，浸泡半小时后捞出沥干水分。
2. 锅中倒入水，放入大米以旺火煮沸，再下入香菇熬煮至成粥。
3. 下入猪腰，待猪腰变熟，调入盐、搅匀，撒上葱花即可。

猪肝南瓜粥

[原料]

猪肝、南瓜各100克，大米300克

[调料]

葱花、料酒、香油、盐各适量

[制作方法]

1. 南瓜去皮洗净，切块。猪肝洗净，切片。大米淘净，泡好。

2. 锅入适量清水，下入大米，用旺火烧开，下入南瓜，转中火熬煮，待粥快熟时，下入猪肝片，加入盐、料酒调味，待猪肝片熟透，淋香油，出锅撒上葱花即可。

猪肝蛋黄粥

[原料]

猪肝100克，蛋黄50克，粳米100克

[调料]

料酒、盐各适量

[制作方法]

1. 猪肝洗净，剁成蓉，加适量料酒和盐，搅拌均匀，腌渍10分钟。

2. 蛋黄煮熟，压制成泥备用，粳米洗净备用。

3. 锅中加适量清水，倒入粳米，大火煮沸后改小火熬煮成粥。

4. 将蛋黄泥和肝蓉倒入锅中，加适量盐调味，继续煮15分钟即可。

猪肝泥粥

[原料]
猪肝20克，大米50克

[调料]
高汤、料酒、盐、食用油各适量

[制作方法]
1. 大米洗净，加入高汤，小火慢熬成粥状。
2. 取猪肝剁成泥，加少许盐和料酒去腥调味。
3. 锅中加少许食用油，烧至七成热，将调好的猪肝倒入锅中翻炒至熟。
4. 待猪肝稍凉后，将其放入搅拌机中打成泥状，拌入粥中，继续煮5分钟即可。

猪血腐竹粥

[原料]
猪血30克，腐竹30克，干贝20克，大米50克

[调料]
葱花、胡椒粉、盐各适量

[制作方法]
1. 腐竹、干贝温水泡发，腐竹切条，干贝撕碎。猪血洗净，切块。大米淘净，浸泡半小时。
2. 锅中倒入水，放入大米，旺火煮沸，下入干贝，再中火熬煮至米粒开花。
3. 转小火，放入猪血、腐竹，待粥熬至浓稠，加入盐、胡椒粉调味，撒葱花即可。

牛肉菠菜粥

[原料]

牛肉、菠菜、红枣各100克，大米300克

[调料]

姜丝、胡椒粉、盐各适量

[制作方法]

1. 菠菜洗净，切碎。红枣洗净，去核。大米淘净，泡发。牛肉洗净，切片。

2. 锅中加入适量清水，下入大米、红枣，旺火烧开，下入牛肉片、姜丝，转中火熬煮成粥，下入菠菜碎，熬煮片刻，加盐、胡椒粉调味，装碗即可。

蛋黄鸡肝粥

[原料]

鸡肝、粳米各50克，鸡蛋60克

[调料]

香葱末、盐各适量

[制作方法]

1. 鸡肝洗净切厚片，放入沸水锅中焯水，捞出洗净，鸡蛋煮熟，取出蛋黄，压碎备用。

2. 锅中加水和粳米，熬制八成熟，倒入鸡肝片和蛋黄碎，煮熟。

3. 在煮好的粥中加入盐调味，倒入碗中，撒香葱末即可。

桂花鱼糯米粥

[原料]

糯米200克，净桂花鱼、猪五花肉各100克，枸杞20克

[调料]

葱花、姜丝、香油、料酒、盐各适量

[制作方法]

1. 糯米洗净，用清水浸泡。桂花鱼切片，用料酒腌渍片刻，去腥味。五花肉洗净，切块，蒸熟备用。

2. 锅置火上，倒入清水，放入糯米煮至五成熟，放入桂花鱼、猪五花肉块、枸杞、姜丝，煮至米粒开花，加盐、香油调匀，撒上葱花即可。

核桃虾仁粥

[原料]

核桃仁20克，虾仁50克，粳米50克

[调料]

盐适量

[制作方法]

1. 将虾仁洗净，核桃仁放入温水中浸泡，剥去外衣备用。

2. 锅中加适量清水，倒入洗净的粳米，开大火煮沸。

3. 将虾仁、核桃仁倒入锅中，改小火熬煮成粥，加适量盐调味，稍煮片刻即可出锅食用。

粳米菜心粥

[原料]
粳米200克，卷心菜100克

[调料]
盐适量

[制作方法]
1. 粳米淘洗干净，清水浸泡1小时。
2. 卷心菜冲洗净，切细丝。
3. 净锅置火上，加入适量清水，下入粳米，旺火煮沸，转小火熬煮成粥，加入卷心菜，调入盐，稍焖即可。

燕麦小米粥

[原料]
绿豆100克，燕麦100克，小米50克

[调料]
冰糖适量

[制作方法]
1. 绿豆洗净，放入清水中浸泡2小时，捞出备用。
2. 小米洗净，倒入清水中浸泡30分钟，捞出备用。
3. 锅中加适量清水，倒入绿豆、小米、燕麦，大火煮沸后改小火熬煮成粥，加适量冰糖调味即可出锅。

鹅肝海鲜炒饭

[原料]

熟米饭300克，鸡蛋120克，卤鹅肝、虾仁、墨鱼、卷心菜、火腿丁各50克

[调料]

葱花、食用油、花椒粉、盐各适量

[制作方法]

1. 卤鹅肝、虾仁、墨鱼洗净，切丁，入沸水中焯水，沥干水分。鸡蛋打散。卷心菜洗净，切丁。

2. 锅入油烧热，下入葱花爆香，入鸡蛋液炒散，再入鹅肝丁、虾仁丁、墨鱼丁、卷心菜丁、火腿丁翻炒，最后倒入熟米饭炒匀，加盐调味，撒花椒粉炒匀即可。

什锦鸡丁盖浇饭

[原料]

鸡脯肉100克，青红甜椒各50克，胡萝卜30克，米饭150克

[调料]

葱末、姜末、植物油、胡椒粉、料酒、盐、生抽各适量

[制作方法]

1. 胡萝卜洗净，切丁，青红甜椒洗净切片。鸡脯肉洗净，切丁，加姜末、料酒、盐、生抽拌腌。

2. 锅入植物油烧热，下葱末炝锅，倒入胡萝卜丁翻炒，加盐调味。

3. 另起锅入植物油烧热，倒入鸡丁、青红甜椒翻炒，七成熟后倒入胡萝卜丁，加盐、胡椒粉调味，翻炒至熟盛出。将米饭盛入碗中，倒入炒好的什锦菜即可。

什锦锅巴饭

[原料]

熟黑米饭200克，青尖椒、红尖椒各30克，锅巴50克，小油菜20克

[调料]

花生油、盐各适量

[制作方法]

1. 青尖椒、红尖椒洗净去子，切小菱形片。小油菜洗净。锅巴放入热花生油中炸至金黄色，捞出备用。

2. 锅中留油烧热，放入青尖椒片、红尖椒片、小油菜翻炒，倒入熟黑米饭，加盐调味，炒匀后倒入炸好的锅巴，炒匀出锅即可。

咕咕烩饭

[原料]

熟米饭1碗，香菇、滑子菇各50克，油菜各20克，杏鲍菇、鸡腿菇、火腿、胡萝卜各30克

[调料]

姜片、盐、白糖、醋、黑胡椒碎、水淀粉、橄榄油各适量

[制作方法]

1. 香菇、滑子菇、火腿、胡萝卜洗净，切片。杏鲍菇、鸡腿菇洗净，掰小朵。油菜洗净，切段。

2. 锅入橄榄油烧热，下姜片炒香，捞出，入香菇、滑子菇、杏鲍菇、鸡腿菇、胡萝卜及火腿炒熟，加油菜、盐、白糖、黑胡椒碎调味，水淀粉勾芡，加醋拌成芡汁，淋在米饭上即可。

芝麻榛仁饼

[原料]

面粉300克，芝麻50克，榛子50克，核桃25克

[调料]

植物油、黄油、白糖、碱各适量

[制作方法]

1. 面粉中加适量白糖、碱、植物油和清水，和成面团备用。

2. 核桃、榛子、芝麻分别炒熟压碎，一起放入碗中，加黄油、白糖和面粉搅拌均匀，制成馅料。

3. 将面团放在案板上，揉匀后制成剂子，擀成圆饼，包入馅料后再次擀成圆饼。

4. 平底锅中加适量植物油，烧热后放入圆饼，煎至两面金黄即可。

山药饼

[原料]

山药、面粉各200克，枣泥100克

[调料]

蜂蜜、花生油、白糖各适量

[制作方法]

1. 山药洗净蒸熟去皮，压成泥，拌上熟面粉揉匀，搓成长条，切块，擀成圆片，每张圆片上放1份枣泥馅，收口包成小包子，再擀成饼，备用。

2. 锅入花生油烧热，逐个下入山药饼炸至呈金黄色，倒入漏勺中。

3. 锅内留少许油，重置火上，下入蜂蜜、白糖和清水60克，糖化后下入山药饼，旺火收汁，翻匀，出锅即可。

红枣玫瑰山楂茶

[原料]

红枣10颗，干玫瑰花5克，山楂10克（约8~10片），枸杞子15颗，荷叶粉25克，白菊花5克

[制作方法]

　　将红枣、干玫瑰花、山楂、枸杞子、荷叶粉、白菊花用1800毫升清水烧煮开，烧开15分钟左右后，把柠檬片放进去，1分钟后熄火。

鼠尾草玫瑰杜松茶

[原料]

鼠尾草10克，玫瑰、杜松各5克

[制作方法]

　　取鼠尾草、玫瑰、杜松放入杯中，用沸水冲泡，5分钟之后即可饮用。

杞菊决明子茶

[原料]

干菊花5克，决明子15克，枸杞10克

[制作方法]

　　取干菊花、决明子、枸杞用开水冲泡，加盖焖10分钟即成。

玫瑰茉莉花茶

[原料]

干玫瑰花瓣10克，干茉莉花瓣2克

[制作方法]

　　取干玫瑰花瓣、干茉莉花瓣用开水冲泡，5分钟后即可饮用。

Part
2

夏季清爽

夏季各节气的特点及养生要点

❶ 立夏

在每年阳历 5 月 5 日 ~ 7 日，是夏季开始的第一个节气。我国大部分地区农作物生长旺盛，气候逐渐转热，但一般早晚还比较凉爽。初夏季节应早睡早起，多沐浴阳光，注意情志的调养，保持肝气的疏泄，否则就会伤及心气，使秋冬季节易生疾病。立夏是春夏之交，也是儿童发育最快的时候，在日常生活饮食中，要注意儿童生长发育所需要的营养，及时补充钙质、维生素及食物营养，同时还要注意儿童和青少年的衣着和体育锻炼。

❷ 小满

在每年阳历 5 月 20 日 ~ 22 日。春困夏乏，使人精神不易集中，应经常到户外活动，吸纳大自然清阳之气，以满足人体各种活动的需要。

❸ 芒种

在每年阳历 6 月 5 日 ~ 7 日。此时我国长江中下游地区将进入多雨的黄梅时期。黄梅雨季一般持续一个月左右，一般在芒种数日"入梅"。黄梅时节多雨潮湿，由于湿气能伤脾胃，故此时要注意保护脾胃，少食油腻食品，以免外湿影响消化功能。夏季阳气旺盛，天气炎热，稍有不慎极易发生疾病，如急性肠胃炎、中暑、日光性皮炎、日光性眼炎等，都是夏季的多发疾病，痢疾、乙脑、伤寒等是夏季易发的传染病，应注意预防。

❹ 夏至

在每年阳历 6 月 21 日或 22 日，是二十四节气中较重要的一个节气。白昼自此逐渐缩短，太阳辐射到地面的热量仍比地面向空中发散的多，故在短期内气温继续升高。

❺ 小暑

在每年阳历 7 月 6 日 ~ 8 日。此时期天地气交，人们可晚睡早起，情志愉快不怒，适当活动，使体内阳气向外宣泄，才能与"夏长"之气相适应。

❻ 大暑

在每年阳历 7 月 22 日 ~ 24 日。此时正值中伏前后，我国大部分地区已进入一年中最热的时期。随着人民生活水平的提高，空调病的发病率逐渐升高。故天气炎热时不要把室内温度降得太低，一般控制在 27℃左右就可以了。

夏季天气炎热，是一年中人体代谢最旺盛的季节，加之大量出汗，因而消耗也是一年中最多的季节。为此，炎夏时食欲、消化吸收功能等常受到影响，因此进补物品应清淡而又能促进食欲，这样才能达到进补的目的，使人体达到正常的平衡。夏季还应多食清心消暑解毒之品，以使人体避免遭受夏季的暑毒。

夏季进补的方法

夏季**食补的方法**

夏季天气炎热，食欲减退，食物要以清淡芳香为主，清淡易消化，芳香可刺激食欲。同时，进食定时定量，可提高胃液分泌量，增加食欲。盛夏季节出汗多，损耗了大量水分和营养，应适当吃些瓜果，宜选用产热量较少、含维生素丰富及电解质较多的饮料，可起到降温防暑的作用。

各种鲜果汁营养丰富，美味可口，既能补充维生素 C、B 族维生素及钠、钾、钙、镁等营养物质，又能中和人体内积聚的酸性代谢产物，使血液、体液保持正常弱碱性，起到净血凉血、解毒滋补的作用。价廉物美的开水是防暑降温的好饮品，饮用时酌加食盐，以防体液失调，代谢紊乱。也可适量喝些盐汽水、啤酒，既能防暑解渴，又可通便利尿。

适合夏季进补的食品：

莲子、蚕豆、荞麦、白扁豆、荔枝、大枣、菱角、莲藕、黑木耳、猪肚、猪肉、牛肉、牛肚、鸡肉、鸽肉、鹌鹑肉、鹌鹑蛋、鲫鱼、龙眼肉、蜂王浆、蜂蜜、鸭肉、牛奶、鹅肉、豆腐、豆浆、甘蔗、梨等。

 夏季**药补的方法**

夏季药补应选用药性偏清凉、养胃健脾渗湿的中药，配伍煎水代茶、煮粥均可。切忌过于温热，损伤阴津；也不宜过于寒凉滋腻，反使暑热内伏，不能透发。

适合夏季进补的药材：菊花、金银花、芦根、沙参、元参、西洋参、太子参、百合、绿豆、扁豆、山药、薄荷、黄芪、茯苓、石斛、地骨皮、黄精、灵芝、天花粉等。

绿豆芽炒韭菜

[原料]

绿豆芽200克，韭菜100克

[调料]

姜丝、葱丝、料酒、花生油、醋、盐各适量

[制作方法]

1. 绿豆芽洗净，韭菜洗净，切段。

2. 锅中加花生油烧热，放入葱丝、姜丝炝锅，放入绿豆芽，烹入料酒，用旺火快速翻炒，再放入韭菜段，撒入盐炒匀，出锅前淋入醋，翻炒均匀，出锅装盘即可。

肉炒藕片

[原料]

鲜藕300克，猪臀尖肉200克，尖椒30克

[调料]

姜末、干红辣椒、色拉油、香油、醋、盐各适量

[制作方法]

1. 鲜藕去皮洗净，切成片，放入沸水中焯熟。臀尖肉洗净，切片。

2. 将干红辣椒去蒂除子，切成细末。尖椒洗净，切成片。

3. 锅入色拉油烧热，放入肉片煸炒，加入姜末、干红辣椒末炝锅，放入藕片、尖椒片炒匀，加入盐、醋调味，淋上香油，出锅装盘即可。

椒盐茭白盒

[原料]
茭白、猪肥瘦肉各300克，面粉、鸡蛋黄、梅菜各100克

[调料]
葱花、姜末、酱油、花椒粉、淀粉、植物油、盐各适量

[制作方法]
1. 鸡蛋黄、面粉、淀粉调成蛋糊。花椒粉、盐做成花椒盐，备用。
2. 猪肥瘦肉、梅菜切成粒，加入酱油、盐、姜末、葱花拌成馅。
3. 茭白洗净，切成片，填入馅，裹上蛋糊，入热油锅，炸至黄色，捞出。待油温升高，再次放入茭白盒复炸至外酥里嫩，捞出沥油，撒上花椒盐即可。

糊辣银牙肉丝

[原料]
猪里脊肉200克，绿豆芽100克，干辣椒20克

[调料]
姜丝、花椒、淀粉、植物油、醋、酱油、绍酒、白糖、盐各适量

[制作方法]
1. 猪肉洗净，切丝，加绍酒、盐、淀粉、植物油、姜丝拌匀上浆。绿豆芽择洗干净。干辣椒洗净，切丝。
2. 酱油、白糖、醋、绍酒、淀粉、水调匀成咸鲜酸甜的调味汁。
3. 锅入植物油烧热，下干辣椒丝、花椒炸红，入肉丝煸散，放入绿豆芽炒熟，烹调味汁炒匀即可。

腐竹炒肉

[原料]

水发腐竹300克，五花肉200克

[调料]

姜片、生抽、白糖、盐、食用油各适量

[制作方法]

1. 水发腐竹洗净，切段。五花肉用沸水稍煮，洗净，切成块。

2. 锅入油烧热，下白糖炒至融化变色，倒入五花肉、姜片翻炒至肉块挂上糖色，加入腐竹继续翻炒，再加清水、生抽，旺火烧开，改文火焖至汤汁较浓，肉酥烂，调入盐，焖至腐竹变软入味，揭盖翻炒，收汁，即可。

橄榄菜炒肉块

[原料]

橄榄菜、猪肉各150克，四季豆、花生、红椒块、皮蛋各50克

[调料]

植物油、盐各适量

[制作方法]

1. 猪肉洗净，切块。橄榄菜洗净，切段。四季豆洗净，切段。花生入油锅炸好，去皮。皮蛋切丁。

2. 锅入植物油烧热，放入猪肉块，加盐滑熟，捞出。

3. 另起锅入油烧热，放入四季豆段，加入盐炒匀，炒至七成熟时，放入猪肉块、花生、皮蛋丁、红椒块、橄榄菜段炒熟，装盘即可。

干炒猪肉丝

[原料]

猪里脊肉300克，卤豆腐干、芹菜各100克，干辣椒末20克

[调料]

葱段、姜丝、蒜丝、郫县豆瓣酱、花椒粉、辣椒油、植物油、酱油、盐各适量

[制作方法]

1. 猪里脊肉洗净，切长丝，加入盐、酱油拌匀。豆腐干洗净，切长丝。芹菜洗净，切段。

2. 锅入油烧热，加豆瓣酱、姜丝、蒜丝、干辣椒末、葱段炒匀，放入肉丝炒干水分，再加入豆腐干、芹菜段、酱油炒匀，起锅装入盘中，撒上花椒粉，淋辣椒油即可。

麻辣里脊片

[原料]

猪里脊肉500克，油菜200克

[调料]

葱末、姜末、芝麻、花椒、豆瓣辣酱、高汤、豌豆淀粉、蛋清、花生油、辣椒油、白糖、盐各适量

[制作方法]

1. 猪里脊肉洗净，切片。油菜洗净，焯水。猪里脊肉片用鸡蛋清、豌豆淀粉上浆，过油后捞出。

2. 锅入油烧热，下入油菜，加入盐炒熟，摆入盘中。

3. 锅留花生油烧热，下入葱末、姜末、花椒炒香，加高汤，放入猪肉片，调入豆瓣辣酱、白糖、辣椒油、盐炒熟，撒芝麻即可。

笋炒百叶

[原料]

牛百叶300克，竹笋50克

[调料]

香菜段、葱丝、姜丝、植物油、酱油、绍酒、盐各适量

[制作方法]

1. 牛百叶洗净，切成宽条，放入热油锅中爆脆。竹笋洗净，切片。

2. 锅入植物油烧热，下入葱丝、姜丝爆香，放入酱油、绍酒、盐，放入牛百叶条、竹笋片、香菜段，翻炒均匀，出锅即可。

尖椒炒鲫鱼

[原料]

鲫鱼600克，青尖辣椒、红尖辣椒各20克，熟芝麻10克

[调料]

葱花、姜片、蒜片、花椒粒、辣椒酱、植物油、料酒、盐各适量

[制作方法]

1. 鲫鱼洗净，切片，入热油锅中炸至酥脆，捞出沥油。

2. 青尖辣椒、红尖辣椒去蒂、子洗净，切粗丝。

3. 锅入植物油烧热，下入青尖椒丝、红尖椒丝、姜片、蒜片、辣椒酱、花椒粒炒香，放入鲫鱼片略炒，加入料酒、盐炒匀，撒葱花、熟芝麻即可。

葱黄鲫鱼

[原料]

鲫鱼500克

[调料]

葱段、香菜段、植物油、醋、酱油、料酒、盐各适量

[制作方法]

1. 鲫鱼处理干净，改刀成块。将料酒、盐抹在鱼身上，腌渍。

2. 锅入植物油烧至七分热，放入鲫鱼炸硬，再改用文火炸至外酥内熟、呈金黄色，捞出，沥油。原锅留余油烧热，放入葱段炸至呈金黄色，捞出，备用。

3. 另起锅入油，烹入料酒、醋、酱油，放入鲫鱼、葱段，急火煸炒，撒香菜段，出锅即可。

醋芥酥鲫鱼

[原料]

鲫鱼400克，蒜蓉10克

[调料]

香葱末、干辣椒段、青红椒丁、芥末油、食用油、酱油、料酒、陈醋、白糖、盐各适量

[制作方法]

1. 鲫鱼去内脏洗净切大块，加料酒、酱油、盐、白糖入味，放油锅中炸制干酥，捞出。

2. 锅中加食用油烧热，放蒜蓉、干辣椒段、青红椒丁、陈醋爆香，倒入炸好的鲫鱼块，淋芥末油，撒香葱末，翻匀收汁即可。

酥炸沙丁鱼

[原料]

鲜小沙丁鱼500克，鸡蛋120克

[调料]

发酵粉、面粉、花生油、料酒、花椒盐、盐各适量

[制作方法]

1. 沙丁鱼去内脏洗净，加料酒、盐腌渍约20分钟。将面粉、发酵粉、鸡蛋、水调成发酵糊。

2. 锅中加花生油烧至六成热，把沙丁鱼挂好糊，逐个下油锅炸至呈金黄色熟透捞出，控油装盘。食用时蘸花椒盐。

葱酥带鱼

[原料]

带鱼500克

[调料]

葱段、生姜、鲜汤、胡椒粉、精炼油、糖色、香油、料酒、盐各适量

[制作方法]

1. 带鱼洗净，斩成长段，加盐、料酒、生姜、葱段码味，静置20分钟。

2. 锅入精炼油烧热，放入带鱼，炸至两面呈金黄色，起锅倒入盆内。

3. 锅留余油，放入鲜汤、盐、胡椒粉、糖色、带鱼、料酒，中火收至汤汁浓稠，加入精炼油、香油，收至亮油，起锅装盘即可。

麻辣泥鳅

[原料]

泥鳅500克

[调料]

葱段、生姜、辣椒粉、花椒粉、熟芝麻、净辣椒油、香油、精炼油、醋、料酒、白糖、盐各适量

[制作方法]

1. 泥鳅洗净内脏，用醋揉洗干净，加盐、料酒、生姜、葱段码味，静置20分钟。

2. 锅入精炼油烧热，放入泥鳅炸至酥脆，呈金黄色，捞出沥油，加入盐、醋、白糖、辣椒粉、花椒粉、辣椒油、香油拌匀，晾凉，撒入熟芝麻装盘即可。

酸菜烧鱼肚

[原料]

四川泡酸菜200克，水发鱼肚250克

[调料]

泡辣椒段、泡生姜片、水淀粉、鲜汤、猪油、盐各适量

[制作方法]

1. 水发鱼肚、四川泡酸菜分别洗净，切成薄片。

2. 锅入猪油烧热，下泡辣椒段、泡生姜片、泡酸菜片炒香，入鲜汤、胡椒粉、盐旺火烧5分钟，将泡酸菜片捞出，再下入鱼肚片烧2分钟，加入水淀粉勾芡，出锅盛在泡酸菜片上即可。

观音茶炒虾

[原料]

鲜虾400克，铁观音茶叶20克

[调料]

葱花、姜片、青红椒丁、胡椒粉、食用油、生抽、料酒、白糖、盐各适量

[制作方法]

1. 鲜虾洗净，去沙线，用盐、胡椒粉、姜片、料酒腌制，入热油锅中炸至呈金黄色，捞出。
2. 茶叶泡发，沥干。锅入食用油烧热，将茶叶炒酥，捞出沥油。
3. 锅内留油烧热，加入葱花、姜片、青红椒丁、料酒爆香，放入虾、茶叶，用盐、生抽、胡椒粉、白糖调味，撒葱花即可。

洞庭串烧虾

[原料]

基围虾400克，红椒米、洋葱米各10克

[调料]

清汤、椒盐、海鲜汁、辣椒油、植物油、香油、白糖、粗盐各适量

[制作方法]

1. 基围虾去须，用竹签从尾部穿到头部，入油锅中小火炸至酥，取出，叠摆在锡纸上。
2. 锅入植物油烧热，加洋葱米、红椒米小火翻炒，放椒盐、清汤、白糖、海鲜汁烧开，浇淋在虾仁上，淋辣椒油、香油，包紧锡纸放入竹篮中。
3. 锅上火烧红，将粗盐倒入锅中翻炒，盐温很高时出锅，放在包好虾的锡纸上即可。

脆香大虾衣

[原料]
鲜虾壳200克，玉米片200克，青红椒丁20克

[调料]
椒盐、干淀粉、食用油、料酒、盐各适量

[制作方法]
1. 鲜虾壳洗净，加盐、料酒拌匀，拍匀干淀粉。
2. 锅入食用油烧热，放入鲜虾壳炸至酥脆，捞出沥油。玉米片入热油锅中炸至酥脆，呈金黄色，捞出沥油。
3. 锅中留油烧热，放入青红椒丁爆锅，倒入炸好的虾壳、玉米片，撒椒盐翻匀出锅即可。

辣子鸿运虾

[原料]
新鲜大虾300克，川椒段10克

[调料]
葱花、姜片、香菜段、脆炸粉、料酒、色拉油、盐各适量

[制作方法]
1. 大虾去头，去沙线，放入盆中，加葱花、姜片、料酒、盐腌渍8分钟。
2. 腌好味的大虾裹上一层脆炸粉，下入六成热的色拉油锅中，文火炸至呈金黄色，捞出沥油。
3. 锅内留油烧热，放入川椒段、葱花爆香，下入大虾、香菜段，旺火煸炒均匀，出锅即可。

膏蟹炒年糕

[原料]

膏蟹350克，年糕80克

[调料]

葱花、姜、植物油、酱油、白糖、盐各适量

[制作方法]

1. 膏蟹洗净，斩块。姜洗净，切片。年糕洗净，切片，入水中煮熟，捞出，沥干水分。

2. 锅入植物油烧至六成热，下入姜片炒香，加入膏蟹炒至呈火红色，入酱油、白糖、盐调味，放入年糕炒均匀，撒入葱花，盛入盘中即可。

酱香蟹

[原料]

蟹2只，青杭椒段、红杭椒段各50克

[调料]

植物油、醋、老抽、料酒、盐各适量

[制作方法]

1. 蟹洗净，用热水焯过后，捞起晾干。

2. 锅入植物油烧热，放入汆好的蟹爆炒至呈金黄色，加入青杭椒段、红杭椒段、盐、醋、老抽、料酒，并注入少量水焖煮，至蟹熟时装盘即可。

酱爆小花螺

[原料]

小花螺500克，生菜100克，红椒20克

[调料]

食用油、酱油、醋、盐各适量

[制作方法]

1. 小花螺洗净。生菜洗净，铺于钵底。红椒洗净，切丝。

2. 锅入食用油烧热，放酱油爆香，再放入小花螺、红椒丝旺火爆炒至变色至熟，加盐、醋调味炒匀，起锅放在钵中生菜上即可。

麻辣蛏子

[原料]

蛏子400克

[调料]

姜丝、香葱末、干辣椒丝、花椒、食用油、白酒、醋、生抽、白糖各适量

[制作方法]

1. 蛏子洗净，入沸水锅中煮熟，去壳取肉，去掉杂质，冲凉控水备用。

2. 锅入食用油烧热，用姜丝、花椒、干辣椒丝爆锅，放入蛏子、生抽、白酒翻炒片刻，放入少许水，加入醋、白糖翻炒收汁，撒香葱末，出锅即可。

蔬菜凉汤

[原料]

冻豆腐、番茄、小黄瓜、土豆、水萝卜、西蓝花各50克

[调料]

黑胡椒粉、素高汤、盐各适量

[制作方法]

1. 番茄洗净,焯烫,去皮,切块。小黄瓜洗净,切片。西蓝花洗净,用盐水汆烫,捞出晾凉。

2. 土豆去皮,洗净,切块。水萝卜去皮,洗净,切成圈。冻豆腐用水泡软,切块。

3. 锅入素高汤,放入西蓝花、土豆块、豆腐块、水萝卜圈烧沸煮至熟软,加入盐、黑胡椒粉调味,放入番茄块、黄瓜片煮熟即可。

酸辣茭瓜汤

[原料]

茭瓜200克

[调料]

香菜、豆腐干、香肠、香油、酱油、胡椒粉、醋、料酒、水淀粉、鸡汤、盐各适量

[制作方法]

1. 将茭瓜洗净去瓤切丝。香菜洗净切末,豆腐干、香肠均切成细丝。

2. 将锅置中火上,加入鸡汤、茭瓜丝、豆腐干丝、香肠丝、酱油、盐、料酒、醋烧开,撇去浮沫,用水淀粉勾芡,撒入胡椒粉、香菜末,淋入香油,盛入汤碗内即可。

冰糖蜜枣湘莲

[原料]

湘莲200克，枸杞25克，鲜菠萝50克，桂圆肉25克，红枣2粒

[调料]

冰糖适量

[制作方法]

1. 莲子去皮、芯，温水泡洗，上笼蒸至软烂。桂圆肉、红枣温水泡发。鲜菠萝去皮，切成片。

2. 将蒸熟的莲子滗去水，盛入汤碗内，备用。

3. 锅中放入清水，加冰糖烧沸，待冰糖完全溶化，加枸杞、红枣、桂圆肉、菠萝煮开，倒入盛放莲子的汤碗中即可。

冰糖湘莲

[原料]

湘白莲200克，鲜菠萝100克，青豆、樱桃、桂圆肉各50克

[调料]

冰糖、盐各适量

[制作方法]

1. 莲子洗净去皮，放入锅中蒸熟，盛入汤碗中。

2. 桂圆肉洗净，浸泡片刻。鲜菠萝去皮，切丁，入盐水中浸泡。

3. 锅中放入冰糖，加适量清水烧沸，待冰糖完全溶化，加青豆、樱桃、桂圆肉、菠萝丁，旺火煮沸，倒入盛入莲子的汤碗中即可。

酸枣开胃汤

[原料]

酸枣400克

[调料]

白糖适量

[制作方法]

1. 酸枣洗净，去除枣核。

2. 锅中加入适量清水烧开，放入处
理好的酸枣，用文火煮1小时左
右，加入白糖调味，出锅即可。

果味蒸芋珠

[原料]

速冻芋头球200克，橘子150克，菠
萝40克

[调料]

葡萄干、樱珠、橙汁、白糖各适量

[制作方法]

1. 樱珠、橘子、菠萝分别洗净，将
樱珠、橘子去皮切成丁，菠萝去
皮切成丁。

2. 取一大碗，将芋头球放入碗中，
加入葡萄干、樱珠、橘子丁、
菠萝丁，用白糖、橙汁、清水
调味，入蒸锅蒸6分钟，出锅即
可。

银杏萝卜金针汤

[原料]

白萝卜、豆腐各100克，胡萝卜、金针菇、水发香菇、银杏、鲜莲子、牛蒡各20克

[调料]

姜片、香油、高汤、盐各适量

[制作方法]

1. 白萝卜、胡萝卜分别洗净，去皮，切块，放沸水锅烫煮，捞出。金针菇洗净，撕散。牛蒡洗净，切条。豆腐切块。水发香菇切块。鲜莲子去皮，洗净。

2. 锅入高汤烧开，放入白萝卜、胡萝卜、金针菇、香菇、银杏、莲子、豆腐、牛蒡、姜片烧开，用盐调味，淋香油即可。

肉桂蜜汁水果汤

[原料]

火龙果、菠萝各250克，草莓、狝猴桃各200克

[调料]

蜂蜜、八角、肉桂各适量

[制作方法]

1. 火龙果、狝猴桃去皮洗净，切成块。

2. 菠萝去皮，切成块，放入淡盐水中浸泡片刻。草莓洗净，纵切两半。

3. 锅入清水烧沸，放入肉桂、八角、火龙果块、草莓、菠萝块、狝猴桃块同煮5分钟，淋入蜂蜜，出锅即可。

白果莲子汤

[原料]

白果仁100克，莲子150克

[调料]

白糖适量

[制作方法]

1. 白果仁洗净。莲子用温水泡洗一会儿，洗净。

2. 锅中加入适量清水烧开，放入处理好的莲子，用文火煮1小时左右，至莲子熟软。

3. 加入白果仁一同煮熟，加白糖调味，出锅即可食用。

豆腐丝瓜汤

[原料]

水豆腐200克，丝瓜320克

[调料]

葱、姜、植物油、盐、料酒各适量

[制作方法]

1. 丝瓜去角边，刮掉瓜皮，清水洗净。将丝瓜切成滚刀块，块块均匀为佳。

2. 豆腐清水洗净，切小方块。葱、姜洗净，葱切细末，姜切成丝。

3. 炒锅中倒入植物油烧至七成热，放少许盐，将丝瓜爆炒几下，加适量清水、豆腐块，用盐、料酒调味，煮开后出锅即可。

冬瓜肉丸汤

[原料]
冬瓜250克，五花肉150克

[调料]
姜、淀粉、盐各适量

[制作方法]

1. 冬瓜去皮去瓤洗净后切成块，姜洗净后切成末备用。

2. 五花肉洗净后剁成末，加淀粉、盐一起搅拌均匀搓成小肉丸。

3. 锅中加适量清水，烧开后下肉丸子煮熟，然后再放入冬瓜，撒入姜末，加盐调味，继续煮熟即可食用。

虾米茭白条汤

[原料]
茭白150克，水发虾米30克，水发粉条20克，番茄50克

[调料]
色拉油、盐各适量

[制作方法]

1. 茭白洗净，切小块。水发虾米洗净，水发粉条洗净，切段，番茄洗净，切块备用。

2. 汤锅上火，倒入色拉油，下入水发虾米、茭白、番茄煸炒，倒入水，调入盐，下入水发粉条煲至熟即可。

青瓜煮鱼肚

[原料]

鱼肚350克，青瓜、鲜贝、草菇各80克

[调料]

葱段、鱼露、高汤、食用油、胡椒粉各适量

[制作方法]

1. 将青瓜去皮去子，切成菱形块，用沸水焯一下捞出，沥干水分。

2. 将发好的鱼肚切成块，用沸水焯一下，捞出沥干水分。

3. 锅入食用油烧热，煸香葱段，加入高汤、青瓜、鱼肚、胡椒粉、草菇、鲜贝、鱼露翻炒均匀，出锅即可。

薏仁牛蒡汤

[原料]

牛蒡200克，薏仁、红皮萝卜、冻豆腐、芹菜末、香菜末各50克

[调料]

姜片、盐各适量

[制作方法]

1. 薏仁用清水泡好。牛蒡洗净去皮，切片。红皮萝卜洗净，切片。冻豆腐切片。

2. 锅入适量清水，放入牛蒡片、薏仁，旺火煮沸后转文火炖煮。

3. 再放入红皮萝卜片、冻豆腐片、姜片煮滚，加入盐调味，起锅前撒上芹菜末、香菜末即可。

香芋薏米汤

[原料]

香芋300克，薏米200克，芡实、海带丝各50克

[调料]

盐适量

[制作方法]

1. 香芋洗净，去皮，切成滚刀块。芡实、海带丝分别洗净。

2. 薏米用清水泡软。

3. 锅中倒入适量清水，放入泡好的薏米，旺火煮熟，放入香芋块、芡实、海带丝，加入盐调味，文火煮熟，出锅即可。

素罗宋汤

[原料]

豆干150克，胡萝卜100克，番茄、土豆、洋葱、白萝卜、萝卜叶、牛蒡、泡发干香菇、青豆各30克

[调料]

米酒、盐各适量

[制作方法]

1. 胡萝卜、白萝卜、牛蒡、豆干分别洗净，切丁。番茄洗净，切块。土豆、洋葱去皮洗净，切丁。泡发干香菇洗净，切块。

2. 锅入清水，放入豆干、青豆煮沸，放入胡萝卜丁、番茄块、土豆丁、洋葱丁、白萝卜丁、萝卜叶、牛蒡丁、香菇块，煮沸后放入盐、米酒炖至原料熟烂即可。

蘑菇烩腐竹

[原料]

平菇150克，腐竹100克

[调料]

香油、绍酒、鲜汤、色拉油、盐各适量

[制作方法]

1. 平菇切片，腐竹泡发好切段。

2. 锅置火上，加入适量色拉油烧至六成热，先放入腐竹段和平菇片略炒。

3. 再加入绍酒和鲜汤，用旺火煮沸，盖上锅盖，转文火焖煮10分钟。然后加入盐烧约2分钟，淋入香油，即可出锅装盘。

蚕豆素鸡汤

[原料]

素鸡200克，水发香菇、蚕豆、金针菇各100克

[调料]

清汤、香油、盐、植物油各适量

[制作方法]

1. 香菇洗净，切块。金针菇洗净，撕条，放入温水中稍泡。蚕豆剥皮洗净。素鸡洗净，切薄片。

2. 油入热锅内，下入素鸡片炒至泛白，加入清汤，放蚕豆、金针菇、香菇块煮至熟，加适量盐调味，淋香油，装入汤碗内即可。

一品素笋汤

[原料]

冬笋250克，水发木耳10克

[调料]

葱末、姜末、香菜叶、鲜清汤、盐
各适量

[制作方法]

1. 冬笋洗净，切成小柳叶形薄片，
   用开水氽烫。水发木耳洗净，切
   片。香菜叶洗净，备用。

2. 汤锅放火上，倒入鲜清汤，加入
   葱末、姜末、盐，再放入笋片、
   木耳片。汤沸后，去浮沫，放入
   香菜叶即可装入碗中。

四丝汤

[原料]

冬笋、嫩豆腐、水发黑木耳、榨菜
各100克

[调料]

葱末、姜末、酱油、豆粉、醋、盐
各适量

[制作方法]

1. 冬笋、黑木耳分别洗净，切细
   丝。豆腐洗净，切丝。榨菜洗
   净，切丝，过冷水去咸味。

2. 将笋丝入清水锅中煮沸，放入豆
   腐丝、木耳丝、榨菜丝，加入
   盐，再次煮沸，放葱末、姜末、
   酱油、醋、豆粉，慢火加热，
   不停搅拌，至汤逐渐变透明，关
   火。汤自然晾凉即可。

黄花烩双菇

[原料]

鲜黄花菜300克，香菇100克，玉兰50克

[调料]

水淀粉、清汤、植物油、盐各适量

[制作方法]

1. 将鲜黄花菜摘去根茎，洗净，入沸水锅中焯熟捞出备用；香菇、玉兰洗净，切片，入沸水中焯烫一下，捞出，沥干。

2. 锅入植物油烧热，放玉兰片、香菇片略炸，捞出控油。

3. 锅内留余油，加入清汤烧沸，放玉兰片、香菇片、黄花菜，再放入盐调味，用水淀粉勾薄芡，出锅即可。

丝瓜烩草菇

[原料]

草菇100克，丝瓜200克

[调料]

姜、蒜丝、枸杞、高汤、香油、植物油适量

[制作方法]

1. 丝瓜去皮洗净，切片。姜洗净，切丝。草菇洗净，放入沸水中焯烫，捞出沥干。枸杞洗净，备用。

2. 起油锅，姜、蒜丝爆锅，倒入高汤及适量清水一起煮滚，放入草菇、丝瓜再次煮滚，淋入香油，撒上枸杞即可盛出。

百叶结炖肉

[原料]

肥瘦猪肉300克，百叶结100克

[调料]

葱段、姜片、花生油、酱油、料酒、大料、白糖、盐、花椒各适量

[制作方法]

1. 猪肉洗净，切块。百叶结洗净，泡软。

2. 锅入花生油烧至六七成热，下入肉块炒去水分，放入酱油炒至上色，下料酒、大料、花椒、葱段、姜片、水烧开，撇沫，炖至肉半酥，下百叶结、盐、白糖至肉质软烂，出锅，盛入盘内即可食用。

莲藕猪骨汤

[原料]

猪小排200克，鲜藕100克，红枣10克

[调料]

盐适量

[制作方法]

1. 将猪小排洗净，红枣洗净备用。

2. 鲜藕去皮洗净，切成块备用。

3. 锅中加适量清水，倒入猪小排和红枣，开大火煮沸后改小火熬煮半个小时左右。

4. 将藕块倒入锅中，继续煮至肉熟藕烂，加适量盐调味，即可出锅食用。

清炖肘子

[原料]

猪肘子750克，油菜、水发香菇各50克

[调料]

葱段、姜片、八角、花椒、鲜汤、料酒、盐各适量

[制作方法]

1. 肘子刮洗干净，用水煮至断生后捞出，在里侧剞十字形花刀。油菜、水发香菇分别洗净，备用。

2. 锅中加入鲜汤、葱段、姜片、花椒、料酒、八角，将肘子皮朝下放入，用文火炖至肘子接近酥烂时，翻过来使其皮朝上，拣去葱段、姜片、八角、花椒，放入油菜心、水发香菇，加盐调味烧开，撇去浮沫即可。

臭豆腐猪手煲

[原料]

猪手2只，臭豆腐100克

[调料]

姜片、蒜瓣、干辣椒段、八角、桂皮、辣妹子酱、高汤、色拉油、酱油、白糖、盐各适量

[制作方法]

1. 猪手洗净，切块，余水，捞出，洗净血污。白糖熬成糖色。

2. 锅入色拉油烧热，入八角、桂皮、姜片、蒜瓣、辣妹子酱煸香，加高汤、糖色、盐、酱油烧开。臭豆腐略炸，捞出。

3. 调好的汤倒入砂锅中，放入猪手煨至熟烂。锅入油烧热，放入蒜瓣、干辣椒段炒香，猪手和炸好的臭豆腐下锅炒匀即可。

黄花菜炖鸭

[原料]

鸭子300克，黄花菜50克

[调料]

酱油、葱末、姜末、胡椒粉、高汤、
盐、食用油各适量

[制作方法]

1. 鸭子洗净，斩成块，放沸水锅中
   焯水，捞出洗净备用。黄花菜洗
   净。

2. 锅中加油烧热，放葱末、姜末爆
   锅，倒入高汤，开锅后放酱油、
   鸭块、黄花菜煮开，用盐、胡椒
   粉调味，待鸭块熟透入味，出锅
   即可。

川百合鸽蛋汤

[原料]

鸽蛋300克，川百合、莲肉各50克

[调料]

清汤、鸡粉、胡椒粉、白糖、盐各
适量

[制作方法]

1. 鸽蛋煮熟后剥去蛋皮。

2. 川百合泡发后洗净。

3. 将适量水注入锅内，加入鸽蛋、
   川百合、莲肉，倒入清汤，调入
   鸡粉、胡椒粉、盐调味，熬煮约
   90分钟，加白糖，出锅即可食
   用。

雪莲干百合炖蛋

[原料]

雪莲100克，干百合50克，鸡蛋120克

[调料]

香油、盐各适量

[制作方法]

1. 雪莲、干百合放入清水中浸泡1天，取出沥水。
2. 锅入清水，放入干百合、雪莲旺火炖至酥烂，捞出。
3. 鸡蛋磕入汤锅煮成荷包蛋，放入炖好的百合、雪莲，加入盐调味，淋香油，出锅即可。

铁锅泥鳅豆腐

[原料]

泥鳅300克，豆腐450克

[调料]

姜片、香菜末、香油、白酒、白胡椒、盐各适量

[制作方法]

1. 泥鳅、豆腐分别洗净，豆腐切块备用。
2. 铁锅放入凉水，倒入泥鳅、豆腐、姜片，淋入白酒一起文火煮30分钟。
3. 加入适量盐、白胡椒粉调味，撒上香菜末，淋入香油，出锅装碗即可。

青瓜煮鱼片

[原料]

青瓜350克，鲈鱼肉300克，皮蛋80克

[调料]

姜丝、香菜段、高汤、胡椒粉、食用油、香油、料酒、白糖、盐各适量

[制作方法]

1. 鲈鱼肉洗净，切片。青瓜去皮、瓤，洗净，切片。皮蛋切件。

2. 锅入食用油烧热，放入姜丝爆香，加入料酒、高汤、盐、白糖、青瓜片、皮蛋煮3分钟，再放入鱼片继续煮5分钟，撒上胡椒粉、香菜段，淋入香油，出锅即可。

红枣枸杞炖牛蛙

[原料]

牛蛙300克，红枣50克，枸杞15克

[调料]

姜片、料酒、盐各适量

[制作方法]

1. 牛蛙去内脏、去皮洗净，切小块，用沸水汆烫一下捞出。红枣和枸杞用温水泡一下。

2. 锅内放入牛蛙块、料酒、红枣、枸杞、姜片，加水没过所有材料，旺火煮滚后改文火煲1小时，加适量盐调味，出锅即可。

海参当归汤

[原料]

水发海参200克，当归10克，山药30克，红枣50克

[调料]

姜丝、枸杞、胡椒粉、高汤、食用油、料酒、盐各适量

[制作方法]

1. 水发海参洗净，用热水烫一下。山药切菱形片。红枣热水浸泡。当归热水泡洗。

2. 锅入食用油烧热，放入姜丝、料酒爆香，倒入高汤、红枣、山药、当归、枸杞炖5分钟，加盐、胡椒粉调味，山药熟透后，放入烫好的海参烧开，出锅即可。

豆浆粥

[原料]

豆浆1000克，粳米50克

[调料]

白糖适量

[制作方法]

1. 粳米洗净备用。

2. 将豆浆和粳米倒入锅中，大火煮沸后改小火熬煮成粥，最后加适量白糖调味即可。

百合粥

[原料]
百合30克，大米50克

[调料]
冰糖适量

[制作方法]
1. 百合用清水浸泡半日，去除苦味。
2. 将大米洗净，一起混合后加清水同煮，直至熟后有清香气味时，加入适量冰糖即可食用。

绿豆荷叶粥

[原料]
粳米150克，荷叶50克，绿豆30克

[制作方法]
1. 荷叶洗净，切成块备用。绿豆洗净，放入清水中浸泡2小时，捞出备用。
2. 锅中加适量清水，倒入洗净的粳米、绿豆，开大火煮沸后改小火熬煮成粥。
3. 将切好的荷叶倒入锅中，覆盖在粥的上面，待粥变成淡绿色且飘出淡淡清香后，出锅即可食用。

枸杞牛肉莲子粥

[原料]

牛肉100克，大米200克，枸杞、莲子各20克

[调料]

葱花、盐各适量

[制作方法]

1. 牛肉洗净，切片。莲子洗净，放入水中浸泡，挑去莲心。枸杞洗净。大米淘洗干净，泡发。

2. 锅置火上，放入大米，加适量清水，旺火烧沸，下入枸杞、莲子，转中火熬至米粒开花，放入牛肉片，用慢火将粥熬出香味，加盐调味，撒上葱花即可。

莲子糯米粥

[原料]

糯米100克，莲子肉30克，山药25克

[调料]

白糖适量

[制作方法]

1. 将糯米用清水洗净，莲子肉去芯用温水泡透，山药洗净切成丁。

2. 锅中加入适量清水烧开，下入糯米、莲子肉，改用小火煲约30分钟。

3. 再加入山药丁，调入白糖，继续煲约15分钟至熟透，即可食用。

莴笋肉粥

[原料]

猪肉150克，莴笋50克，粳米50克

[调料]

香油、盐各适量

[制作方法]

1. 猪肉洗净、剁碎，加适量盐腌渍15分钟。莴笋去皮、洗净，切丝。

2. 粳米洗净备用。

3. 锅中加适量清水，倒入粳米，大火煮沸，将猪肉末和莴笋丝倒入锅中，改小火熬煮成粥。

4. 最后加适量盐调味，淋香油，稍煮片刻，出锅即可。

南瓜木耳粥

[原料]

黑木耳20克，南瓜150克，糯米300克

[调料]

盐、葱花各适量

[制作方法]

1. 糯米洗净，浸泡半小时捞出沥干水分。黑木耳泡发洗净，切丝。南瓜去皮洗净，切成小块。

2. 锅置火上，倒入清水，放入糯米、南瓜用大火煮至米粒绽开后，再放入黑木耳。

3. 用小火煮至成粥后，调入盐搅匀，出锅撒上葱花即可。

南瓜粥

[原料]

南瓜100克，大米200克

[调料]

盐适量

[制作方法]

1. 大米洗净，泡发1小时备用。南瓜去皮洗净，切块。

2. 锅置火上，倒入清水，放入大米，开大火煮至沸开，放入南瓜煮至米粒绽开，改用小火煮至粥成，调入盐入味即可。

黄花菜瘦肉粥

[原料]

干黄花菜30克，瘦猪肉50克，粳米50克

[调料]

香葱末、盐各适量

[制作方法]

1. 干黄花菜用温水泡发，洗净。

2. 瘦猪肉洗净，切成丝备用。

3. 锅中加入水和粳米，熬制八成熟时放入瘦猪肉丝、黄花菜，再煮至熟透，用盐调味，出锅装碗，撒香葱末即可。

桂圆糯米粥

[原料]
桂圆肉20克，糯米100克

[调料]
白糖、姜丝各适量

[制作方法]

1. 糯米淘洗干净，放入清水中浸泡。

2. 锅置火上，放入糯米，加适量清水煮至粥将成。

3. 放入桂圆肉、姜丝，煮至米烂后加入白糖调匀即可。

大枣糯米粥

[原料]
糯米150克，红枣20克

[制作方法]

1. 将红枣洗净去核，糯米洗净放入清水中浸泡1个小时备用。

2. 锅中加适量清水，倒入洗净的糯米，开大火煮沸后改小火熬至八成熟，放入红枣，煮熟即可食用。

芹菜红枣粥

[原料]
芹菜30克，红枣20克，大米50克

[调料]
盐适量

[制作方法]
1. 芹菜洗净，取梗切成小段。红枣去核洗净。大米泡发洗净。
2. 锅置火上，倒入水后，放入大米、红枣，用旺火煮至米粒开花。
3. 放入芹菜梗，改用小火煮至粥浓稠时，加入盐调味，出锅即可。

雪里蕻红枣粥

[原料]
雪里蕻30克，干红枣20克，糯米50克

[调料]
白糖适量

[制作方法]
1. 糯米淘洗干净，放入清水中浸泡。干红枣泡发后洗净。雪里蕻洗净后切丝。
2. 锅置火上，放入糯米，加适量清水煮至五成熟。
3. 放入红枣煮至米粒开花，放入雪里蕻、白糖稍煮，调匀后即可。

冬瓜白果姜粥

[原料]

冬瓜150克，白果100克，大米200克

[调料]

葱花、姜末、高汤、胡椒粉、盐各适量

[制作方法]

1. 白果去壳、皮，洗净。冬瓜去皮洗净，切块。大米洗净，泡发。

2. 锅置火上，倒入清水，放入大米、白果，用旺火煮至米粒完全开花，再放入冬瓜块、姜末，倒入高汤，改用文火煮至成粥，调入盐、胡椒粉入味，撒上葱花即可。

鲫鱼百合糯米粥

[原料]

糯米100克，鲫鱼100克，百合20克

[调料]

盐、料酒、姜丝、香油、葱花各适量

[制作方法]

1. 糯米洗净，用清水浸泡。鲫鱼处理干净后切片，用料酒腌渍去腥。百合洗去杂质，削去黑色边缘。

2. 锅置火上，放入糯米，加适量清水煮至五成熟。

3. 放入鱼肉、姜丝、百合煮至粥将成，加盐、香油调匀，出锅撒上葱花即可。

蔬菜鱼肉粥

[原料]

草鱼肉30克，胡萝卜50克，海带清汤200毫升，白萝卜20克，米饭200克

[调料]

酱油适量

[制作方法]

1. 将草鱼的刺和骨剔净，炖熟并捣碎。

2. 白萝卜、胡萝卜去皮洗净，切细末。

3. 将米饭、海带清汤及鱼肉、白萝卜末、胡萝卜末倒入锅内同煮，煮至黏稠时放入酱油调味，出锅即可。

鲫鱼玉米粥

[原料]

大米50克，鲫鱼100克，玉米粒30克

[调料]

葱白丝、葱花、姜丝、料酒、香醋、香油、盐各适量

[制作方法]

1. 大米淘洗干净，再用清水浸泡。鲫鱼处理干净后切小片，用料酒腌渍。玉米粒洗净备用。

2. 锅置火上，放入大米，加适量清水煮至五成熟。

3. 放入鱼肉、玉米、姜丝煮至米粒开花，加盐、香油、香醋调匀，放入葱白丝、葱花便可。

苹果胡萝卜牛奶粥

[原料]
苹果、胡萝卜、牛奶各100克，大米
200克

[调料]
白糖适量

[制作方法]
1. 胡萝卜、苹果洗净，切成小块。
   大米淘洗干净，泡发。
2. 锅入适量清水，放入大米，煮至
   八成熟，放入胡萝卜块、苹果
   块，煮至粥成，放入牛奶稍煮，
   加入白糖调匀即可。

苹果燕麦粥

[原料]
燕麦片100克，苹果50克，牛奶30
克

[调料]
白糖适量

[制作方法]
1. 麦片洗净后加清水浸泡至软，苹
   果洗净、去皮、去核后切成丁备
   用。
2. 锅中加少量清水，将泡开的燕麦
   片连同水一起倒入锅中煮沸，继
   续煮3分钟后倒入牛奶，继续煮
   沸至麦片熟烂，放入苹果丁，加
   适量白糖调味，稍煮片刻即可出
   锅。

香甜苹果粥

[原料]
大米50克，苹果、玉米粒各30克

[调料]
冰糖、葱花各适量

[制作方法]

1. 大米淘洗干净，用清水浸泡。苹果洗净后切丁。玉米粒洗净。

2. 锅置火上，放入大米，加适量清水煮至八成熟。

3. 放入苹果丁、玉米粒煮至米烂，放入冰糖熬融调匀，出锅装碗，撒上葱花便可。

牛奶香蕉糊

[原料]
香蕉20克，牛奶30毫升

[调料]
玉米面、白糖各适量

[制作方法]

1. 香蕉去皮后，放入碗中，用勺子研碎。

2. 将牛奶倒入锅中，加入玉米面和白糖，边煮边搅匀，煮好后倒入研碎的香蕉中调匀即可食用。（制作时一定要把牛奶、玉米面煮熟。）

香蕉奶味粥

[原料]

配方奶粉30克，熟大米烂粥300克，香蕉100克，葡萄干10克

[制作方法]

1. 葡萄干切碎，将配方奶粉倒入煮好的大米烂粥里搅匀。

2. 香蕉捣成泥加入奶粥里，撒上葡萄干碎末即可。

香蕉粥

[原料]

香蕉100克，粳米50克

[制作方法]

1. 香蕉剥去外皮，撕掉筋，切成片。

2. 粳米淘洗干净，用冷水浸泡半小时，捞出，沥干水分。

3. 取锅放入冷水、粳米，先用旺火煮开，然后改用小火熬煮，待粥将要煮好时，加入香蕉片，边煮边搅动，继续煮熟，出锅即可。

猕猴桃樱桃粥

[原料]

猕猴桃200克,樱桃30克,大米300克

[调料]

白糖适量

[制作方法]

1. 大米洗净,再放入清水中浸泡半小时。猕猴桃去皮洗净,切小块。樱桃洗净,切块。

2. 锅置火上,倒入清水,放入大米煮至米粒绽开后,放入猕猴桃、樱桃同煮。改用小火煮至粥成后,调入白糖入味即可食用。

牛奶粥

[原料]

大米50克,牛奶一杯约(150毫升)

[制作方法]

1. 将大米洗净,放入锅中加水,熬煮成大米粥。

2. 等大米粥将熟的时候加入牛奶,稍煮片刻,出锅装碗,即可食用。

苹果咖喱饭

[原料]
苹果丝、花菜块、红萝卜丁、白萝卜丁、芋头丁各50克，水发干香菇丁、牛蒡丁、土豆丁、杏鲍菇丁各25克，发芽糙米200克

[调料]
咖喱粉、盐、橄榄油各适量

[制作方法]
1. 发芽糙米煮熟。红萝卜丁、白萝卜丁、牛蒡丁用沸水烫过放凉。花菜块入热水中烫熟。
2. 锅入油烧热，入苹果丝、咖喱粉炒香，加杏鲍菇丁、芋头丁、土豆丁、红萝卜丁、白萝卜丁、牛蒡丁、香菇丁、盐、水炖煮，加花菜煮熟，淋在米饭上即可。

糙米竹笋饭

[原料]
莴笋100克，薏仁15克，发芽糙米60克

[制作方法]
1. 薏仁洗净，泡水2小时。
2. 莴笋洗净，削去粗皮部位，切成丁，备用。
3. 将薏米、莴笋丁、发芽糙米混合均匀，加水放入电饭锅中煮熟，出锅装盘即可。

红枣焖南瓜饭

[原料]

红枣50克，南瓜100克，大米300克

[调料]

食用油、白糖各适量

[制作方法]

1. 大米淘洗干净，泡发。红枣用温水泡一会儿，洗净。南瓜去皮洗净，切丁。

2. 将大米、红枣、南瓜丁放入电饭锅中，加适量水、白糖，滴几滴食用油，盖上盖，开锅焖6分钟，装碗即可。

怪味凉面

[原料]

面条200克，黄瓜50克

[调料]

葱末、姜末、蒜末、白糖、醋、水、酱油、芝麻酱、香油、辣椒油、花椒粉、盐各适量

[制作方法]

1. 将面条煮熟，晾凉，放入碗中加少许香油拌匀。

2. 黄瓜洗净，切成丝。

3. 取一器皿，放入芝麻酱、醋、酱油调匀，倒入白糖、盐、辣椒油、花椒粉、葱末、姜末、蒜末调成汁，浇在面条上，放上黄瓜丝即可。

荞麦面

[原料]

荞麦面条150克，火腿、熟牛肉各50克，香干、熟虾仁、生菜叶各50克

[调料]

植物油、生粉、牛骨汤、卤汁、盐各适量

[制作方法]

1. 熟牛肉、火腿、香干分别切片。

2. 锅入植物油烧热，放入香干炒香，倒入卤汁烧开，调入盐，用生粉勾芡。

3. 荞麦面条入沸水中煮熟，捞出，盛入碗中，摆上牛肉片、火腿片、香干、熟虾仁、生菜叶，牛骨汤倒入锅中加卤汁烧开，用盐调味，浇入碗中即可。

和风荞麦面沙拉

[原料]

荞麦面200克，胡萝卜、小黄瓜、白萝卜各50克

[调料]

和风沙拉酱、橄榄油、醋、酱油、黄芥末酱、盐、胡椒粉各适量

[制作方法]

1. 荞麦面煮熟后捞起，用凉开水过凉，捞出放入碗中。胡萝卜和白萝卜洗净去皮，切丝。黄瓜洗净，切丝。

2. 将荞麦面、胡萝卜丝、白萝卜丝、黄瓜丝与和风沙拉酱混合均匀，按个人口味加入其他调料，装盘即可。

苹果水

[原料]

苹果50克

[制作方法]

1. 苹果洗净，去皮、去核，切成小丁备用。
2. 锅中加适量清水，煮沸后放入苹果丁，盖上锅盖，武火继续煮2分钟，关火。
3. 用过滤网过滤，去渣留汁，放至温热即可。

胡萝卜柠檬汁

[原料]

胡萝卜100克，柠檬20克，苹果50克，香菜20克

[制作方法]

1. 胡萝卜、苹果分别洗净，切块
2. 将胡萝卜块、苹果块、香菜放入榨汁机榨汁。
3. 新鲜的果蔬汁完成之后，适当加入柠檬汁即可。

柠檬茶

[原料]

新鲜柠檬50克

[调料]

冰糖适量

[制作方法]

1. 新鲜柠檬清洗干净，切半边。

2. 柠檬皮去掉，切成薄片。

3. 将柠檬果仁去掉，和少许冰糖一起放入杯中，然后加入煮沸开水冲泡。

4. 待10分钟之后，柠檬茶就泡好了。

菠萝西红柿汁

[原料]

青椒、菠萝、卷心菜各100克，西红柿1个，香菜30克

[制作方法]

1. 菠萝、西红柿分别洗净，切块。

2. 卷心菜、青椒分别洗净，切碎。

3. 将卷心菜碎、青椒碎、香菜、菠萝块、西红柿块按照顺序放入榨汁机榨成汁即可。

葡萄苹果汁

[原料]

葡萄150克，苹果100克

[制作方法]

1. 葡萄洗净，去皮、子。
2. 苹果洗净，去皮、核，切小块。
3. 将苹果块和葡萄分别放入榨汁机中榨汁。
4. 将苹果汁、葡萄汁混合即可饮用。

茼蒿菠萝汁

[原料]

茼蒿50克，菠萝200克，萝卜叶50克，苹果50克

[制作方法]

1. 菠萝、苹果分别洗净，切块。
2. 萝卜叶、茼蒿分别洗净，切小段。
3. 将萝卜叶、菠萝、茼蒿、苹果按顺序放入榨汁机榨成汁即可。

桃花茶

[原料]

干桃花10克，南瓜子、杨树皮各5克

[制作方法]

1. 杨树皮洗净，磨碎。

2. 将干桃花、南瓜子、杨树皮碎放入杯中，用沸水冲泡，5分钟之后即可饮用。

绿茶金橘饮

[原料]

绿茶10克，金橘15克

[制作方法]

1. 金橘洗净，用刀背或木板打扁成饼，备用。

2. 将拍扁的金橘和茶叶一起放入杯中，加入开水冲泡。

3. 约10分钟后即可饮用。

有机薄荷香草茶

[原料]

有机茶10克，薄荷、香草各5克

[制作方法]

　　将有机茶、薄荷、香草一起放入杯中，加入开水冲泡5分钟即可。

薰衣草薄荷茶

[原料]

薰衣草、薄荷叶各5克

[调料]

蜂蜜适量

[制作方法]

　　将薰衣草、薄荷叶放入杯中，加入200毫升沸水冲泡，加盖闷约5分钟，最后放入蜂蜜调匀即可饮用。

Part
3

秋季滋阴

秋季各节气的特点及养生原则

❶ 立秋

在每年阳历 8 月 7 日⁻9 日。我国习惯将立秋作为秋季的开始。立秋正值末伏前后，气温开始下降，但夏日的余威犹在，只是早晚气温比夏天要低一点，故民间素有"秋老虎"之说。此时养生原则应转向敛神、降气、润燥、抑肺扶肝，以保持五脏无偏。日常作息宜早睡早起，饮食宜增酸减辛。

❷ 处暑

在每年阳历 8 月 22 日⁻24 日。此时我国大部分地区气温逐渐下降，雨量减少，空气湿度相对降低，使人有秋高气爽之感。此时燥气已开始生成，人们会感到皮肤、口鼻相对干燥，故应注意预防秋燥，多吃甘寒汁多的食物，如各种水果（特别是梨可多吃），还可用麦冬、芦根泡水来喝。

❸ 白露

在每年阳历 9 月 7 日⁻9 日。此时我国大部分地区气候转凉，气候偏于干燥。秋气应肺，燥气可耗伤肺阴，故会产生口干咽燥、干咳少痰、皮肤干燥、便秘等症状。这些都是秋季养生进补时应考虑的因素。秋天还是风湿病、高血压病容易复发的季节。所以要注意保暖，夜晚可盖薄被，不可贪凉，以免引发旧疾，或感染新恙。

❹ 秋分

在每年阳历 9 月 22 日⁻24 日。此节气是人们感觉最舒适的时节，宜动静结合，调心肺，动身形，畅达神态，流通气血，对身心健康大有裨益。

❺ 寒露

在每年阳历 10 月 8 日或 9 日。此时我国大部分地区天气转寒，小儿、老人尤其要随时留意，免受风寒，但又要注意适当"秋冻"，即慢慢增加衣服来逐渐锻炼肌体抗寒能力，其原则是以穿衣不出汗为度，随气温的高低和运动的强度大小，及时更换衣服，避免毛孔大开，而引风邪寒气入内。由于天气渐渐寒冷，人体血管也开始收缩，故此时应注意预防冠心病、高血压、心肌炎等疾病复发。

❻ 霜降

是秋季最后一个节气，在每年阳历 10 月 23 日或 24 日。此时阴气更甚于前，植物开始凋零。此时切忌受寒，晨起宜较前月略晚为宜，以避霜冷寒气。体内有痰饮宿疾的人，每到这一季节容易发作，预防方法除谨避邪风外，还应注意饮食起居，避免醉饱及生冷。饮食五味以减少味辛食物，适当增加酸、甘食物为宜，酸甘化阴可益肝肾，而甘味入脾，可以巩固后天脾胃之本。

总之，由于夏季人体消耗多而吸收少，在天气稍凉时，应注意肌体的补充，故秋天是进补的重要季节。秋天阳气趋于沉降，生理功能趋于平静，阳气逐渐衰退，要注意起居调节，防止受寒。

秋季进补的方法

秋季食补的方法

秋季要注意食物的多样化和营养的平衡，应多吃耐嚼、富含膳食纤维的食物，选择具有润肺生津、养阴清燥作用的瓜果蔬菜、豆制品及食用菌类，还应多食粗粮，如红薯等，以防便秘。

秋令食补应循序渐进，刚开始应选择容易消化吸收的食品服食。秋季有时候还会偏于炎热，但也不宜多食冷饮，尤其是小儿、老年及多病体虚的人，更应少吃或忌食。秋燥伤津者要多食果蔬，如梨、柚子、荸荠、甘蔗等，以润肺生津。

适合秋季进补的食品：

鸽肉、鸡肉、鹌鹑蛋、黄鳝、牡蛎、猪肝、龙眼肉、燕窝、蜂王浆、蜂蜜、鸭肉、鸭蛋、牛奶、白木耳（银耳）、香菇、猪肺、甘蔗、梨、香蕉、荸荠、柚子等。

秋季药补的方法

秋季进补药物应偏于柔润温养，但又应温而不热，凉而不寒，总体上以不伤阳、不耗阴为要。

清润滋补：中药滋补以清润为主，如选用桑叶、桑白皮、太子参、西洋参等，或采用清燥益气生津的配方。

滋阴润肺：可选用百合、沙参、蜂蜜、麦冬、生地、玉竹、玄参、白芍、天花粉、莱菔子等。

健脾补肾：可选用黄芪、党参、白术、山药、莲子、大枣、核桃仁、白果等。

清燥润肺：可选用沙参、麦冬、桑叶、胡麻仁、甘草、杏仁、石膏、阿胶、枇杷叶等。

适合秋季进补的药材：

桑叶、桑白皮、西洋参、百合、蛤蚧、沙参、蜂蜜、太子参、玄参、地骨皮、阿胶、天冬、麦冬、生地、熟地、白芍、天花粉、瓜蒌皮、莱菔子、玉竹等。

三丁炒玉米

[原料]

嫩玉米粒200克，鸡肉50克，黄瓜50克，火腿20克，鸡蛋清20克

[调料]

猪油、淀粉、盐各适量

[制作方法]

1. 黄瓜洗净去蒂后切成丁，火腿切成丁备用。鸡肉洗净后切成丁，加鸡蛋清、淀粉、盐拌匀。

2. 锅中加适量猪油，烧至四成热时倒入鸡丁滑散盛出控油。将嫩玉米粒倒入锅中炒匀后盛出。

3. 锅中加适量猪油，烧至四成热时倒入黄瓜丁和火腿丁翻炒，然后倒入鸡丁和嫩玉米粒，加盐一起翻炒至熟，即可装盘。

炸蔬菜球

[原料]

豆腐300克，紫菜3张，马蹄50克，水发香菇50克，小菠菜50克

[调料]

胡椒粉、盐、蛋清、面粉、食用油各适量

[制作方法]

1. 豆腐用盐水煮10分钟，捞出，捣碎，用干净纱布挤干水。紫菜剪碎。马蹄去皮和水发香菇切碎，一起入油锅炒香，倒出。

2. 上述4种材料加面粉搅匀，用盐、胡椒粉调味，捏成圆球，外面滚上面粉，放置10分钟。

3. 锅入油烧热，放豆腐球炸黄，捞出控油。小菠菜洗净，蘸上蛋清入油锅中炸一下，捞出即可。

香煎萝卜丝饼

[原料]

青萝卜200克，鸡蛋120克

[调料]

胡椒粉、面粉、淀粉、食用油、盐各适量

[制作方法]

1. 萝卜洗净，去皮，切丝，焯水，捞出，沥干水分。

2. 鸡蛋打散，倒入萝卜丝中，用盐、胡椒粉调味，加淀粉、面粉搅拌均匀。

3. 煎锅加食用油烧热，将萝卜丝面糊制成小饼型，下入锅中煎至两面呈金黄色，熟透即可。

锅包肉

[原料]

猪前臀尖肉250克，鸡蛋60克，胡萝卜丝10克

[调料]

葱丝、姜丝、香菜段、鲜汤、淀粉、植物油、香油、酱油、醋、白糖、盐各适量

[制作方法]

1. 臀尖肉洗净，切成大片，用淀粉、鸡蛋、水抓匀上浆。

2. 酱油、盐、醋、白糖、鲜汤调成味汁。

3. 臀尖肉片放入油锅中炸黄，捞出。锅留底油，放入胡萝卜丝、葱丝、姜丝、臀尖肉片，调入味汁，淋香油，撒香菜段即可。

京酱肉丝

[原料]

猪里脊肉300克

[调料]

葱丝、甜面酱、花生油、淀粉、酱油、料酒、白糖、盐各适量

[制作方法]

1. 猪里脊肉洗净，切丝，加入料酒、酱油、淀粉、盐腌10分钟。
2. 锅入花生油烧热，放入肉丝快速拌炒，捞出。
3. 锅留余油烧热，加入甜面酱、水、料酒、白糖、酱油、盐炒至黏稠状，再加入葱丝、肉丝炒匀，盛入盘中即可。

辣酱麻茸里脊

[原料]

里脊肉150克，香菜50克

[调料]

蒜末、熟黑芝麻、辣酱、水淀粉、嫩肉粉、植物油、香油、红油、盐各适量

[制作方法]

1. 里脊肉洗净，改刀切成薄片，用盐、嫩肉粉、水淀粉上浆，下入五成热油锅中滑油至熟，沥油。
2. 香菜洗净，放入盐、香油、蒜末拌匀，垫在盘底。
3. 锅留少许底油烧热，下入辣酱炒香，随即下入里脊肉片，加入盐、香油、红油炒熟，出锅盖在香菜上，再撒上熟黑芝麻即可。

生爆盐煎肉

[原料]

猪肉200克，蒜苗、豆瓣各50克

[调料]

豆豉、植物油、酱油、白糖、盐各适量

[制作方法]

1. 选用去皮肥瘦相连的猪后腿肉，均匀地切成约4厘米长、2厘米厚的薄片。蒜苗洗净，切成3厘米长的段。

2. 炒锅放植物油烧热，放入肉片煸炒至出油时，加豆瓣炒至油呈红色后，放豆豉、酱油、白糖炒香，放蒜苗炒至断生，加盐调味，起锅装盘。

锅巴肉片

[原料]

猪里脊肉、锅巴各200克，玉兰片、香菇、菜心各100克，泡红椒20克

[调料]

葱末、姜末、蒜片、高汤、水淀粉、植物油、酱油、料酒、盐各适量

[制作方法]

1. 猪肉洗净，切片，用盐、料酒稍腌。玉兰片、香菇、菜心分别洗净。泡红椒洗净，切片。

2. 锅入油烧热，放姜末、葱末、蒜片、泡红椒片、玉兰片、香菇、菜心炒香，入高汤、酱油、料酒、盐、肉片烧熟，水淀粉勾芡。

3. 锅入植物油烧热，放入锅巴炸黄，装入碗中，把肉片带汁浇在锅巴上即可。

香煎猪排

[原料]

猪大排200克，鸡蛋60克

[调料]

葱末、姜末、咖喱汁、法香、干辣椒粉、面粉、色拉油、料酒、盐各适量

[制作方法]

1. 猪大排洗净，切厚片，加入葱末、姜末、料酒、盐腌渍入味。鸡蛋打入碗中，搅匀成鸡蛋液。

2. 鸡蛋液、面粉搅匀，调制成糊。

3. 腌好的大排片裹匀蛋糊，放入热油锅中煎至呈金黄色，捞出，装入盘中，放入法香、干辣椒粉装饰在盘边，咖喱汁煮沸，盛入碟中，蘸食即可。

椒盐大排

[原料]

猪大排150克

[调料]

葱花、蒜蓉、青红椒末、花椒、干淀粉、花生油、料酒、盐各适量

[制作方法]

1. 排骨斩成4块，用刀背将排骨拍松，斩成大片，加料酒、盐、干淀粉拌匀。

2. 排骨入油锅炸至八成熟捞出，待油温再烧到七成热时，再将排骨投入复炸呈金黄色，捞出沥油。

3. 青红椒末、蒜蓉、花椒、葱花放入碗中翻匀，排骨蘸食。

热炒百叶

[原料]

牛百叶350克,松子仁100克

[调料]

葱丝、香菜段、芝麻、胡椒粉、辣椒面、香油、白糖、盐、食用油各适量

[制作方法]

1. 牛百叶用热水稍烫,刮去黑皮,洗净,切成丝,入沸水锅中焯水,捞出备用。

2. 锅入油烧热,放入葱丝、香菜段炒香,再加入牛百叶、松子仁、芝麻、盐、白糖、辣椒面、香油、胡椒粉炒匀,装盘即可。

脆椒鸡丁

[原料]

鲜鸡肉500克

[调料]

葱段、姜片、淀粉、脆椒、植物油、花雕酒、盐各适量

[制作方法]

1. 鸡肉洗净,切丁,放入花雕酒、盐腌渍入味,拍淀粉。

2. 鸡肉丁放入六七成热油中,炸至金黄色,捞出。

3. 锅留少许油烧热,放入葱段、姜片爆香,加入脆椒、花雕酒、盐调味,放入鸡肉丁炒匀,装盘即可。

香辣茄子鸡

[原料]

鸡腿500克，茄子200克

[调料]

葱花、蒜末、水淀粉、辣豆瓣、植物油、盐水、酱油、料酒、白糖各适量

[制作方法]

1. 鸡腿肉洗净，切块，加料酒、酱油、水淀粉腌拌。茄子洗净，切块，入盐水中浸泡，捞出沥干。

2. 鸡肉块、茄子块分别过油，捞出沥油。

3. 锅入植物油烧热，下入蒜末、辣豆瓣、酱油、白糖、水淀粉、鸡肉块、茄子块烧至入味，撒上葱花，炒匀盛入煲中，小火烧片刻即可。

柠檬软炸鸡

[原料]

鸡脯肉250克，鸡蛋60克

[调料]

葱段、姜片、盐、淀粉、柠檬汁、料酒、白糖、植物油、盐各适量

[制作方法]

1. 鸡脯肉洗净，切片，加入葱段、姜片、料酒、盐、白糖腌制片刻，备用。

2. 鸡蛋打散，加淀粉调成稀糊状。

3. 锅置旺火上烧热，放入植物油，待油温升至七成热时，将鸡片拌匀蛋糊，逐片放入油锅中炸至鸡肉断生，待外面呈金黄色时，捞出放在碟内，淋上柠檬汁即可。

姜爆鸭

[原料]

鸭肉1000克，子姜100克，红椒50克

[调料]

豆瓣、甜面酱、花椒、鲜汤、植物油、酱油、料酒、盐各适量

[制作方法]

1. 鸭肉斩成块，漂去血水，加酱油、盐、料酒、花椒码味。

2. 子姜去皮，洗净，切长片。红椒洗净，切碎。

3. 锅入植物油烧热，下花椒、鸭块，子姜片爆炒至鸭块起爆声，烹料酒，速炒待鸭块呈浅黄色，下入豆瓣、甜面酱炒香，放入红椒碎，下盐、料酒及少许鲜汤，改用中火烧3～5分钟后即可。

辣妹子光棍鸭

[原料]

鸭肉400克，红椒片、青椒片各25克

[调料]

葱段、姜片、鲜汤、甜面酱、柱候酱、花生酱、辣酱、五香粉、花椒油、红油、料酒、盐、香油、酱油各适量

[制作方法]

1. 鸭肉洗净，切成方块。

2. 锅入红油烧热，下入姜片、鸭块炒香，烹料酒，放入甜面酱、柱候酱、花生酱、盐、酱油、五香粉、辣酱炒入味，加鲜汤烧开，撇去浮沫，小火烧至鸭肉酥烂，放入红椒片、青椒片，收汁，淋花椒油、香油，撒葱段即可。

椒盐鸭排

[原料]

鸭脯肉300克，鸡蛋180克

[调料]

葱丝、姜片、花椒、面粉、花生油、料酒、盐各适量

[制作方法]

1. 鸭肉洗净切片，用刀剞上横刀纹，放入碗中，加盐、料酒、葱丝、姜片腌约20分钟。鸡蛋磕入碗中，加水、面粉调成蛋糊。

2. 锅中加花生油烧热，把鸭肉裹上蛋糊，下入油锅中炸至呈金黄色捞出，待油温升高时重新翻炸几下，捞出控油改刀装盘。净锅中加入花椒、盐炒干捣碎，随鸭肉同食。

葱炒鸭丝

[原料]

烤鸭肉200克，葱白50克，美人椒100克

[调料]

甜面酱、水淀粉、色拉油、黄酒、盐各适量

[制作方法]

1. 烤鸭肉切丝。葱白洗净，切成丝。美人椒洗净，切成丝。

2. 锅入色拉油烧热，加入甜面酱、黄酒搅匀，放入烤鸭丝、葱丝、尖椒丝翻炒，加入盐调味，用水淀粉勾芡，翻炒装盘即可。

麻香鸭舌

[原料]

鸭舌300克

[调料]

葱段、姜片、熟白芝麻、花椒、干辣椒节、五香精油、香油、辣椒油、植物油、料酒、白糖、盐各适量

[制作方法]

1. 鸭舌洗净，加料酒、姜片、葱段、盐、五香精油、花椒腌渍2～3小时。

2. 锅入植物油烧至三成热，放入干辣椒节炒香，倒入鸭舌及腌料，用文火浸炸，翻匀，油温保持在三至四成热，约炸10分钟，趁热捞出装盘，拌入白糖、香油、辣椒油、熟白芝麻即可。

银牙鸭肠

[原料]

鸭肠300克，绿豆芽100克

[调料]

干辣椒丝、鲜花椒、辣椒油、植物油、生抽、盐各适量

[制作方法]

1. 鸭肠剥开，加盐搓洗干净，切成段，入沸水锅中氽烫，捞出沥干水分。绿豆芽掐去两头洗净。

2. 锅入植物油烧热，放干辣椒丝、鲜花椒爆香，再放入鸭肠段、绿豆芽，加盐、生抽调味，翻炒均匀，淋辣椒油即可。

鱿鱼肉丝

[原料]

鱿鱼200克，猪肉丝、柿子椒丝、笋丝各50克

[调料]

淀粉、水淀粉、植物油、香油、酱油、料酒、盐各适量

[制作方法]

1. 鱿鱼洗净，切丝，入沸水余烫。猪肉丝用淀粉上浆。

2. 锅入植物油烧热，下猪肉丝滑散，沥油捞出。

3. 锅留底油，下入鱿鱼丝、猪肉丝、柿子椒丝、笋丝，加酱油、料酒、盐翻炒，用水淀粉勾芡，淋香油即可。

石竹茶炸鱼

[原料]

舌头鱼400克，石竹茶50克

[调料]

葱、姜、胡椒粉、干淀粉、面粉、料酒、白糖、盐各适量

[制作方法]

1. 舌头鱼去鳞和内脏，洗净控干水分。石竹茶泡软。面粉加水、淀粉调成糊。

2. 鱼两面剔花刀，用盐、白糖、胡椒粉、料酒、葱、姜腌制10分钟入味。

3. 鱼两面裹面糊，再裹上石竹茶，入五成热的油锅中炸至两面金黄即可。

炒蝴蝶鳝片

[原料]

鳝鱼肉250克，冬笋、洋葱各50克

[调料]

葱花、姜片、蒜末、辣豆瓣酱、熟白芝麻、植物油、醋、酱油、盐各适量

[制作方法]

1. 鳝鱼肉洗净，切丝。

2. 冬笋洗净，切片。洋葱去皮洗净，切片。

3. 锅入植物油烧热，放入鳝鱼丝煸炒，加辣豆瓣酱、姜片、葱花、冬笋片、洋葱片炒匀，放入蒜末、盐、酱油、醋，颠翻几次，撒上熟白芝麻即可。

豆豉鱼

[原料]

小鲫鱼250克

[调料]

葱段、生姜、糖色、鲜汤、豆豉、芝香油、精炼油、醋、料酒、盐各适量

[制作方法]

1. 鲫鱼洗净内脏，加盐、料酒、醋、生姜、葱段码味，静置20分钟。

2. 锅入油烧热，放鲫鱼，炸至两面呈金黄色，捞出。锅留余油，放豆豉炒酥香，加鲜汤、盐、糖色、鲫鱼，小火收至鱼入味，再加入豆豉、芝香油、精炼油，收至亮油，晾凉装盘即可。

孜然鱼串

[原料]

鲤鱼肉500克，鸡蛋60克

[调料]

葱末、姜末、蒜末、芝麻、蚝油、孜然、淀粉、色拉油、生抽、白糖、盐各适量

[制作方法]

1. 鲤鱼肉切成块，加鸡蛋、盐、白糖、蚝油、生抽、淀粉腌5分钟，用竹签串上。
2. 锅入色拉油烧至六成热，将鲤鱼串炸至外酥里嫩、色泽金黄，捞出控油。
3. 锅留底油烧热，下葱末、姜末、蒜末、孜然、芝麻炒香，食用时撒在鲤鱼串上即可。

豆瓣鱼

[原料]

鲜鱼500克，香辣豆瓣酱100克

[调料]

葱花、姜末、蒜米、鲜汤、水淀粉、植物油、醋、酱油、料酒、白糖、盐各适量

[制作方法]

1. 鲜鱼处理干净，用盐、料酒抹匀。
2. 鲜鱼入油锅炸去表面水分捞出。香辣豆瓣酱入油锅炒至呈红色，加姜末、蒜米、葱花炒香，放入鲜汤、酱油、料酒、醋、白糖、鲜鱼烧沸，改小火慢炖，烧至鱼肉熟软起锅装盘，放水淀粉、葱花收汁至浓稠，浇在鱼上即可。

腊八豆炒鱼子

[原料]

熟鱼子300克，腊八豆100克

[调料]

红椒圈、蒜苗段、姜末、豆瓣酱、辣椒粉、植物油、香油、醋、料酒各适量

[制作方法]

1. 锅入植物油烧热，放豆瓣酱、腊八豆、辣椒粉炒香，放姜末、红椒圈、醋、料酒炒香，放入熟鱼子翻炒1～2分钟。

2. 再放入蒜苗段稍炒，淋香油即可。

萝卜丝炒虾皮

[原料]

青萝卜350克，虾皮50克

[调料]

葱花、盐、植物油各适量

[制作方法]

1. 青萝卜去皮，洗净，切丝。虾皮用清水冲一下备用。

2. 锅中加植物油烧热，放入葱花炒出香味，放入萝卜丝炒透，再放入虾皮翻炒。

3. 烹入盐调味，翻炒均匀，至萝卜丝熟烂，出锅装盘即可。

香辣蟹

[原料]

螃蟹500克

[调料]

葱花、姜片、蒜片、水淀粉、干辣椒、花椒、豆瓣、高汤、色拉油、料酒各适量

[制作方法]

1. 螃蟹洗净，斩成块。
2. 锅入色拉油烧热，放入肉蟹块炸酥至熟，捞出待用。
3. 炒锅留少许余油，放入豆瓣、葱花、姜片、蒜片、干辣椒、花椒炒香至呈红色，倒入高汤，下肉蟹，烹料酒，烧至入味，水淀粉勾芡，收汁，起锅即可。

野山菌烧扇贝

[原料]

扇贝肉500克，野山菌100克

[调料]

香菜末、蒜末、辣酱、植物油、香油、生抽、盐、水淀粉各适量

[制作方法]

1. 扇贝肉洗净，放入沸水中余熟，捞出沥干，装入盘中。
2. 野山菌洗净，用沸水焯烫，捞出沥干。
3. 锅入植物油烧热，下入蒜末、辣酱炒香，放入野山菌，加入盐、生抽炒匀，烧至入味，勾薄芡，淋入香油，撒上香菜末，盛在扇贝肉上即可。

姜葱炒蛤蜊

[原料]

蛤蜊400克

[调料]

香菜段、葱段、姜片、植物油、蚝油、香油、料酒、盐各适量

[制作方法]

1. 蛤蜊放入清水中，加入适量盐，待其吐尽泥沙，洗净。
2. 锅入植物油烧热，放入姜片爆香，放入蛤蜊爆炒，再下葱段、香菜段、料酒、蚝油、盐炒匀，淋上香油，出锅装盘即可。

枸杞枣豆汤

[原料]

枸杞、红枣、黑豆各160克

[调料]

盐适量

[制作方法]

1. 黑豆洗净，用清水浸泡24小时。枸杞洗净。红枣去核，洗净备用。
2. 红枣、黑豆、枸杞放入砂锅。
3. 加入适量清水，以文火煨煮至黑豆熟，加适量盐调味即可。

红枣双蛋煮苋菜

[原料]

苋菜100克，红枣、皮蛋、鸡蛋各50克

[调料]

蒜片、植物油、味精、盐各适量

[制作方法]

1. 苋菜洗净。红枣洗净。鸡蛋打散。

2. 锅中倒入清水，调入少许盐、植物油烧开，放入苋菜焯烫10秒钟，捞出，沥干水分。

3. 锅烧热，倒入1汤匙油烧至七成热，放入大蒜片煸成金黄色，倒入水，再放入红枣、皮蛋，调入盐和味精，搅拌均匀，淋入蛋液，开锅后倒入碗中。

竹笋银耳汤

[原料]

罗汉笋200克，银耳40克，鸡蛋60克

[调料]

清汤、盐各适量

[制作方法]

1. 罗汉笋洗净，切小段。银耳温水泡发，撕成小朵。

2. 鸡蛋打入碗中，搅拌成蛋液。

3. 锅中加清汤烧开，放入罗汉笋段、银耳，小火煮5分钟，用盐调味，出锅装盘即可。

酸汁冬瓜鱼

[原料]

草鱼350克，冬瓜、番茄、水晶粉各30克

[调料]

葱花、姜片、蒜末、胡椒粉、植物油、白糖、盐各适量

[制作方法]

1. 草鱼处理干净，切块。冬瓜去皮，洗净，切片。番茄洗净，切块。

2. 锅入植物油烧热，下番茄块炒成酱，加入姜片、蒜末，倒入水，将冬瓜片、草鱼块放入烧透，加盐、白糖、胡椒粉调味。

3. 水晶粉煮熟后放入碗中，将烧好的草鱼块、冬瓜取出放在上面，浇汤，撒葱花即可。

玉米浓汤

[原料]

新鲜玉米粒100克，豆浆50克，鸡蛋50克

[调料]

枸杞、水淀粉、盐各适量

[制作方法]

1. 将玉米洗净，放入豆浆机中，打碎，取汁。

2. 鸡蛋磕入碗内，打散成蛋液。

3. 将豆浆和玉米汁倒入锅中加适量水，开锅后放入水淀粉，搅拌均匀，将蛋液倒入，搅拌成蛋花，继续煮开，加盐调味，出锅前放入枸杞略煮即可。

冬瓜牛丸汤

[原料]

牛肉50克，冬瓜150克

[调料]

葱、姜、香油、酱油、盐各适量

[制作方法]

1. 牛肉洗净剁成末备用。

2. 葱洗净切末，姜洗净切末，冬瓜去皮去瓤，洗净切成块备用。

3. 将葱末和姜末放入剁好的牛肉中，加适量酱油一起搅拌均匀。

4. 锅中加适量清水，煮沸后将牛肉末捏成丸子，逐一放入锅中，将冬瓜倒入锅中，煮熟，最后加适量盐调味，淋入香油，出锅即可。

冬瓜草鱼汤

[原料]

草鱼350克，冬瓜200克

[调料]

料酒、盐、葱段、姜片、猪油、鸡汤各适量

[制作方法]

1. 草鱼去鳞、鳃、内脏，洗净，切块。冬瓜去皮、瓤，洗净，切块。

2. 锅上旺火，注入鸡汤，放入草鱼、冬瓜、料酒、盐、葱段、姜片、猪油。烧开后，撇净浮沫，改用小火，煮至鱼熟烂，拣出葱、姜，出锅即成。

豆芽肉饼汤

[原料]

猪瘦肉、黄豆芽各200克，冬瓜50克，鸡蛋60克

[调料]

葱花、姜末、高汤、干淀粉、胡椒粉、酱油、盐各适量

[制作方法]

1. 鸡蛋打匀成蛋液。豆芽洗净。冬瓜去皮洗净，切成菱形片。

2. 猪瘦肉洗净，剁成末，加鸡蛋液、干淀粉、盐、姜末、葱花拌成馅，做成肉饼，上笼蒸熟。

3. 锅入高汤，放入黄豆芽、冬瓜片，加入盐、酱油、胡椒粉、肉饼，煮开锅入味后，倒入汤碗中即可。

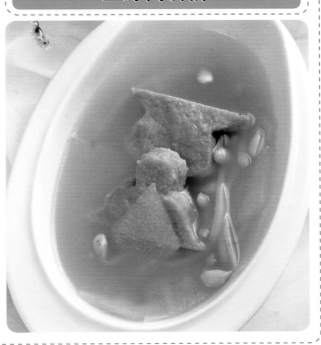

萝卜双豆汤

[原料]

豆腐干350克，荷兰豆120克，胡萝卜100克，海带50克

[调料]

鱼露、姜汁、鸡汤、醋、盐各适量

[制作方法]

1. 荷兰豆择洗干净，切去两端。

2. 胡萝卜洗净，切成片。海带、豆腐干分别洗净，切成三角形块。

3. 汤锅中倒入鸡汤，放入豆腐干、荷兰豆、胡萝卜片、海带块，调入鱼露、姜汁、醋、盐，中火煮沸改文火焖煮至所有原料熟烂，出锅即可。

三丝煮年糕

[原料]

切片年糕、猪肉各50克，鲜香菇20克，白菜300克

[调料]

葱、姜、料酒、鸡精、盐、食用油各适量

[制作方法]

1. 猪肉洗净，切丝，用料酒、盐、鸡精、葱、姜稍腌渍。白菜、香菇分别洗净，切丝。
2. 锅热油，下肉丝滑油，捞出，然后煸炒白菜及香菇丝。
3. 倒入年糕后加一大碗水，倒入肉丝，加盐调味，加盖煮至年糕软糯即可。

芙蓉豆腐汤

[原料]

豆腐400克，莴笋50克，豌豆尖30克，蘑菇、水发香菇各25克，牛奶100克

[调料]

水淀粉、胡椒粉、清汤、植物油、白糖、盐各适量

[制作方法]

1. 豆腐洗净，剁蓉，加牛奶、盐、水淀粉调匀，上笼蒸10分钟，起笼。水发香菇、蘑菇、莴笋、豌豆尖洗净，蘑菇、莴笋切片。
2. 锅入植物油烧热，下入清汤、香菇、蘑菇片、莴笋片烧开，捞出摆在豆腐糕四周，汤里加盐、胡椒粉、白糖、勾芡，浇在豆腐糕上即可。

罗汉素烩

[原料]

竹荪、胡萝卜各100克，冬菇、西蓝花、小黄瓜、土豆、草菇各50克

[调料]

葱段、高汤、盐、食用油各适量

[制作方法]

1. 胡萝卜、土豆分别去皮洗净，切片。竹荪泡开切段洗净。冬菇泡发，洗净。西蓝花洗净，掰小朵。黄瓜洗净，切片。草菇洗净，去蒂。所有原料用沸水焯烫一下，捞出控干水。

2. 油锅烧热，入姜片、葱段爆香，取出，倒入高汤和所有原料，入盐煮3分钟捞出所有原料，入笼蒸15分钟取出，倒出原汁，将原汁烧热勾芡，淋在菜上即可。

口蘑竹荪汤

[原料]

竹荪、口蘑各200克，火腿片、豆苗各20克

[调料]

葱末、姜末、胡椒粉、高汤、盐、食用油各适量

[制作方法]

1. 竹荪洗净，用温水泡发后，切段。口蘑洗净，切片，沸水烫煮一下，捞出控水。豆苗洗净。

2. 锅中加油烧热，放葱末、姜末爆锅，倒入高汤，开锅后放竹荪段、口蘑片、火腿片煮开，用盐、胡椒粉调味，放豆苗，煮开出锅即可。

海米烩双耳

[原料]

水发木耳、水发银耳各100克，海米30克

[调料]

葱姜片、料酒、食用油、高汤、水淀粉、香油、盐各适量

[制作方法]

1. 将水发木耳、银耳洗净，撕成小朵，海米用温水泡洗一下。

2. 锅中加食用油烧热，放葱姜片、料酒炝锅，倒入高汤烧开，放入海米、木耳、银耳煮沸，用盐调味，水淀粉勾薄芡，淋香油出锅即可。

肉末茄条汤

[原料]

茄子300克，猪肉150克

[调料]

葱末、蒜末、色拉油、黄油、酱油、料酒、高汤、盐各适量

[制作方法]

1. 茄子洗净，去蒂，切长条。猪肉洗净，剁成肉末。

2. 煎锅内放入少许色拉油预热，下入茄条煎至脱水。

3. 另起锅，放入黄油烧热，下入肉末炒匀，加蒜末、酱油炒至上色，加入煎好的茄条，烹入料酒翻炒片刻，倒入高汤煮开，加盐调味，撒葱末即可。

葱白梨汤

[原料]
带须葱白200克，梨100克

[调料]
冰糖适量

[制作方法]
1. 葱白洗净切段，梨洗净去皮去核切片，备用。
2. 将带须葱白段和梨片放入锅中，加适量清水煮沸。
3. 放入冰糖，继续煮5分钟即可。

雪梨汤

[原料]
雪花梨250克

[制作方法]
1. 雪花梨洗净，切成薄片。
2. 锅中加适量清水，将梨片放入锅中，稍煮片刻。
3. 盛出放凉后即可饮用。

竹荪炖排骨

[原料]

猪小排300克，竹荪30克

[调料]

姜片、盐各适量

[制作方法]

1. 猪小排洗净，切小块，放到沸水里煮2分钟捞起。
2. 竹荪剪小段，温水洗净。
3. 将竹荪、排骨、姜片一起放碗里，加盐，加盖隔水炖1小时，待排骨熟透入味出锅即可。

茶树菇炖排骨

[原料]

猪肋排200克，茶树菇100克，白萝卜100克

[调料]

葱段、姜片、枸杞、食用油、料酒、盐各适量

[制作方法]

1. 猪肋排洗净，斩小段，入沸水锅中焯水，捞出，洗净血污。茶树菇洗净，去根。白萝卜洗净，去皮，切滚刀块。
2. 锅中加食用油烧热，放入葱段、姜片、料酒爆锅，倒入清水，再放入猪肋排炖至八成熟，加入枸杞、茶树菇、白萝卜块，调入盐烧开即可。

毛芋头炖排骨

[原料]

排骨400克，毛芋头200克，粉皮150克

[调料]

葱姜片、香菜末、骨头汤、八角、植物油、酱油、盐各适量

[制作方法]

1. 排骨洗净，斩成块，放入沸水锅中氽透，捞出。

2. 毛芋头刮去皮，洗净，切成块。粉皮泡软。

3. 锅入植物油烧热，放入葱姜片、八角炸香，放入排骨、酱油、骨头汤慢火炖至排骨八成熟时放入芋头，加盐调味，放入泡好的粉皮，撒香菜末，出锅即可。

崂山菇炖五花肉

[原料]

崂山菇200克，粉条50克，五花肉100克

[调料]

葱花、姜片、香菜段、盐、胡椒粉、花生油、高汤各适量

[制作方法]

1. 崂山菇去除杂质，泡水洗净。五花肉洗净，切片。

2. 粉条用沸水泡软，切成长段。

3. 锅入花生油烧热，放入五花肉片炒出油，下入葱花、姜片爆香，放入崂山菇、高汤、胡椒粉、粉条炖15分钟，加入盐，撒上香菜段，出锅即可。

丸子黄瓜汤

[原料]

黄瓜200克，猪肉350克，蛋清50克

[调料]

葱、姜、花椒水、盐各适量

[制作方法]

1. 葱、姜分别洗净，切末。黄瓜洗净，切片。

2. 猪肉洗好后剁成泥，与蛋清、姜葱末、盐、少量水混合在一起均匀搅拌，做成丸子。

3. 锅中加入适量冷水煮沸，将丸子投入锅中煮开，撇去表面浮沫，待丸子熟透，加入黄瓜片、盐、花椒水，再次煮沸即可。

双圆养生锅

[原料]

肉圆、鱼圆各200克，青菜、粉丝、香菇、冬笋各70克

[调料]

姜末、蒜末、料酒、肉汤、酱油、盐各适量

[制作方法]

1. 冬笋洗净，切柳叶片。香菇泡发，去杂质，洗净，剞十字花刀。青菜洗净。

2. 火锅内用青菜、粉丝垫底，然后放入鱼圆、肉圆、冬笋、香菇，加盐、料酒、肉汤，盖上盖。

3. 火锅上火汤沸，即可上桌，同时将姜末、蒜末、酱油分别装碟上桌，以供蘸食。

猪胰山药玉米煲

[原料]

玉米棒250克，山药50克，猪胰40克

[调料]

葱、姜、色拉油、香油、高汤、盐
各适量

[制作方法]

1. 将玉米棒斩段。山药洗净，去
   皮，切滚刀块。猪胰洗净，切
   片，汆水，备用。

2. 净锅上火，倒入色拉油，放入
   葱、姜爆香，倒入高汤，加入
   盐，下入玉米棒、山药块、猪
   胰，煲至熟透，淋入香油，出锅
   即可。

黄精炖牛肉

[原料]

嫩牛肉300克，黄精30克，大枣30
克，山楂50克

[调料]

葱段、姜片、香油、料酒、盐各适量

[制作方法]

1. 牛肉洗净，切成小块。黄精洗
   净。大枣、山楂洗净，去核，备
   用。

2. 锅内加水烧开，放入牛肉块焯去
   血沫捞出。

3. 将黄精放入砂锅内，放入葱
   段、姜片、料酒、水烧开，放
   入牛肉、山楂用文火炖至五成
   烂，下入大枣、盐，继续炖至
   熟烂，加入香油即可。

小鸡炖蛤蜊

[原料]

子鸡300克，蛤蜊250克，黄豆芽50克

[调料]

大葱、姜、大料、陈皮、啤酒、大豆油、盐各适量

[制作方法]

1. 将子鸡（光鸡）剁成块，入沸水中焯一下，捞出，洗净血污。

2. 蛤蜊洗净，用盐水腌2小时，吐净泥沙。

3. 锅入大豆油烧热，放入鸡块煸炒，再加入大葱、姜、啤酒、大料、陈皮烧开，加入蛤蜊、黄豆芽，改文火炖至鸡熟，拣去葱、姜、大料、陈皮不用，炖至肉烂，调入盐调味即可。

拳头菜炖鸡

[原料]

仔公鸡500克，鲜拳头菜（蕨菜）70克

[调料]

葱、姜、香油、酱油、植物油、生花椒、清汤、盐各适量

[制作方法]

1. 将鸡洗净，斩块。鲜蕨菜尖洗净，入沸水至断生，捞出过冷水。

2. 锅加植物油烧热，爆香葱、姜，放入鸡块煸炒，倒入清汤，放入鲜蕨菜尖、生花椒，炖15分钟，加盐、香油、酱油调味，出锅即可。

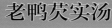

老鸭芡实汤

[原料]
老鸭350克，芡实50克

[调料]
盐适量

[制作方法]
1. 老鸭处理干净，切成方块。芡实洗净，放入温水中浸泡3小时。
2. 将处理好的老鸭块放入砂锅内，加入适量清水，以文火煨至八成熟，然后加入芡实煮至鸭肉熟烂，加入盐调味，出锅即可。

鸭蛋瘦肉汤

[原料]
猪瘦肉300克，鸭蛋200克

[调料]
生姜、香油、生抽、生粉、白糖、盐各适量

[制作方法]
1. 将盐、白糖、香油、生抽加适量生粉拌匀，调成腌料备用。
2. 猪瘦肉洗净，抹干水，切成薄片，加入腌料腌渍。
3. 瓦煲内加入适量清水煮开，放入生姜、腌好的瘦猪肉，改用中火煲至猪瘦肉熟透，打入鸭蛋，稍煮，以少许盐调味即可。

紫菜鸭蛋汤

[原料]

鸭蛋80克，紫菜10克

[调料]

姜末、香油、盐各适量

[制作方法]

　　将紫菜用温水泡发，洗净，放锅中煮15分钟，加盐、姜末调味，再把鸭蛋液淋入汤中，一滚即可，淋香油出锅即可。

大枣鸽子汤

[原料]

鸽子400克，大红枣、咸肉、木耳各50克

[调料]

葱、姜、料酒、香油、盐各适量

[制作方法]

1. 鸽子活杀，处理干净，切大块，放入锅内，加水半锅，倒入料酒、葱、姜，煮40分钟。木耳用温水泡发，洗净。咸肉切片。

2. 放入泡发的木耳、咸肉片、大红枣，继续煮至鸽肉熟软。

3. 加盐调味，淋香油提香，出锅即可。

三鲜鳝丝汤

[原料]

鳝鱼、黄瓜各50克，猪瘦肉丝20克，鸡蛋60克

[调料]

葱丝、姜丝、胡椒粉、盐、料酒、鲜汤、植物油、香油、水淀粉各适量

[制作方法]

1. 鳝鱼洗净，入沸水中烫熟，切丝。黄瓜洗净，切成丝。鸡蛋打匀成蛋液，煎成蛋皮，切细丝。

2. 锅入植物油烧热，下入葱丝、姜丝爆香，加入鲜汤烧开，放入猪瘦肉丝，烹料酒，投入鳝鱼丝、黄瓜丝、蛋皮丝、盐、胡椒粉煮开，水淀粉勾芡，盛入汤碗内，撒葱丝，淋香油即可。

酸菜煮鲇鱼

[原料]

鲇鱼300克，酸菜150克

[调料]

清汤、植物油、盐各适量

[制作方法]

1. 鲇鱼处理干净，切成段。酸菜洗净，切成段。

2. 锅入植物油烧热，倒入酸菜煸炒，加清汤、盐烧开，放入处理好的鲇鱼段，盖好锅盖文火炖10分钟至鱼熟，出锅装盘即可。

螃蟹瘦肉汤

[原料]

猪瘦肉200克，螃蟹、山药各100克，青豆、鲜贝各50克

[调料]

盐适量

[制作方法]

1. 猪瘦肉洗净，切块，放入沸水中汆透，捞出。

2. 螃蟹洗净，去壳，斩成大块，放入沸水中汆烫，捞出。山药去皮，洗净，切块。青豆、鲜贝洗净备用。

3. 煲中放清水煮沸，加入猪瘦肉块、螃蟹块、山药块、青豆、鲜贝旺火煲15分钟，再转文火煲1小时，加入盐调味即可。

青萝卜煮蛤蜊

[原料]

青萝卜300克，蛤蜊500克

[调料]

葱段、姜片、盐各适量

[制作方法]

1. 将蛤蜊清洗干净。

2. 锅入清水烧开，放入蛤蜊煮3分钟，捞起备用。

3. 将青萝卜洗净，切丝，倒入蛤蜊汤，加葱段、姜片煮开，再煮10分钟，拣去葱段、姜片，调入盐调味即可。

银牙白菜蛎黄汤

[原料]

蛎黄200克，白菜、黄豆芽各50克

[调料]

姜丝、花生油、清汤、胡椒粉、盐
各适量

[制作方法]

1. 蛎黄洗净，备用。白菜洗净切
   段。黄豆芽择洗干净。

2. 锅放花生油烧热，用姜丝炝锅，
   倒入清汤，加入蛎黄、黄豆芽，
   调入盐、胡椒粉调味。汤开后打
   去浮沫，放入白菜，再煮2分钟，
   出锅即可食用。

意式煮螺蛳粉

[原料]

螺蛳粉300克，吞拿鱼罐头100克，
洋葱50克

[调料]

蒜片、香菜、生粉、植物油、纯牛
奶、白糖、盐各适量

[制作方法]

1. 洋葱洗净，切丝。从罐头中取出
   吞拿鱼拍松，罐头汁备用。

2. 锅入清水烧开，加入盐搅匀，倒
   入螺蛳粉，盖上锅盖旺火煮7分
   钟，捞出，冷水冲凉。

3. 锅入植物油烧热，爆香蒜片、洋
   葱丝，放入吞拿鱼块煸炒，倒罐
   头汁、纯牛奶，撒白糖、盐、生
   粉、螺蛳粉炒匀，撒香菜即可。

甲鱼猪脊汤

[原料]

甲鱼200克，猪脊髓300克

[调料]

葱、生姜、胡椒粉、酱油、盐各适量

[制作方法]

1. 甲鱼宰杀，取肉，洗净，切块。猪脊髓洗净，斩块。

2. 将甲鱼、猪脊髓入开水锅中焯透，撇去浮沫，捞出，用凉水冲净，沥干水分。

3. 将甲鱼肉、猪脊髓放入锅内，加清水、生姜、葱，文火煮熟，加酱油、胡椒粉、盐调味，出锅即可。

核桃仁粳米粥

[原料]

核桃仁100克，粳米100克

[制作方法]

1. 将核桃仁洗净后切成米粒大小备用。

2. 锅中加适量清水，倒入洗净的粳米和核桃粒，大火煮沸后改小火继续熬煮成粥，出锅即可。

香葱冬瓜粥

[原料]
冬瓜50克，大米100克

[调料]
盐、葱花各适量

[制作方法]
1. 冬瓜去皮洗净，切块。大米洗净，泡发。
2. 锅置火上，倒入水后，放入大米，用旺火煮至米粒绽开。
3. 放入冬瓜，改用小火煮至粥浓稠，调入盐入味，出锅装碗，撒上葱花即可。

小白菜萝卜粥

[原料]
小白菜、胡萝卜各30克，大米50克

[调料]
盐、香油各适量

[制作方法]
1. 小白菜洗净，切丝。胡萝卜洗净，切小块。大米洗净，泡发。
2. 锅置火上，倒入水后，放入大米，用大火煮至米粒绽开。
3. 放入胡萝卜、小白菜，用小火煮至粥成，放入盐调味，出锅滴入香油即可食用。

白菜玉米粥

[原料]

大白菜50克，玉米糁100克

[调料]

熟白芝麻、盐各适量

[制作方法]

1. 大白菜洗净，切丝。芝麻洗净。

2. 锅置火上，倒入清水烧沸后，边搅拌边倒入玉米糁

3. 放入大白菜、芝麻，用小火煮至粥成，调入盐入味即可。

玉米燕麦粥

[原料]

燕麦100克，玉米粒50克

[调料]

白糖适量

[制作方法]

1. 燕麦洗净，玉米粒洗净。

2. 锅中加水、燕麦、玉米粒，煮至熟透、浓稠。

3. 加适量白糖拌匀，出锅即可。

红薯粥

[原料]
新鲜红薯250克，粳米60克

[调料]
白糖适量

[制作方法]

1. 将红薯（以红皮黄心者为好）洗净，去皮切成小块，加水与粳米同煮成稀粥。
2. 待粥成时，加入适量白糖，再煮沸，出锅即可。

松子粥

[原料]
粳米50克，炸松子仁50克，蜂蜜10克

[制作方法]

1. 粳米淘洗干净。
2. 粳米放入锅中加适量清水，熬煮至黏稠。
3. 粥熬至米烂时，加入炸松子仁略煮，至粥再次滚开，加入蜂蜜调匀，出锅即可食用。

玉米火腿粥

[原料]

玉米粒、火腿、大米各50克

[调料]

姜丝、盐、胡椒粉各适量

[制作方法]

1. 火腿去皮，洗净，切丁。玉米粒拣尽杂质，淘净，浸泡1小时。大米淘净，用冷水浸泡半小时后沥干。

2. 大米下锅，加适量清水，武火煮沸，下入火腿、玉米、姜丝，转中火熬煮至米粒开花。改文火，熬至粥浓稠，调入盐、胡椒粉，出锅即可。

玉米鸡蛋猪肉粥

[原料]

玉米糁、猪肉各150克，鸡蛋120克

[调料]

葱花、料酒、盐各适量

[制作方法]

1. 猪肉洗净，切片，用料酒、盐腌渍片刻。玉米糁淘净，泡发。鸡蛋打入碗中，搅匀成鸡蛋液。

2. 锅中加入清水，放入玉米糁，旺火煮开，改中火煮至粥将成时，下入猪肉片，煮至猪肉片变熟，淋入鸡蛋液，加入盐调味，撒上葱花即可。

糯米银耳粥

[原料]

糯米150克，水发银耳、玉米粒各50克

[调料]

葱花、白糖各适量

[制作方法]

1. 银耳泡发洗净。糯米洗净，泡发。玉米粒洗净。

2. 锅入清水，放入糯米，煮至米粒开花，放入银耳、玉米粒，转小火煮至粥成浓稠状，调入白糖，撒上葱花即可。

瘦肉虾米冬笋粥

[原料]

大米50克，猪肉30克，虾米、冬笋各20克

[调料]

葱花、盐各适量

[制作方法]

1. 虾米洗净。猪肉洗净，切丝。冬笋去壳，洗净，切片。大米淘净，浸泡半小时后捞出沥干水分，备用。

2. 锅中放入大米，加入适量清水，旺火煮开，改中火，下入猪肉丝、虾米、冬笋片。

3. 小火慢熬成粥，下入盐调味，出锅装碗，撒上葱花即可。

红枣羊肉糯米粥

[原料]

红枣5个，羊肉100克，糯米150克

[调料]

葱白段、葱花、姜末、盐各适量

[制作方法]

1. 红枣洗净，去核。羊肉洗净，切片，入沸水中焯烫，捞出。糯米洗净，泡好。

2. 锅中加入适量清水，下入糯米，旺火煮开，下入羊肉片、红枣、姜末，转中火熬煮，下入葱白段。待粥熬出香味，加入盐调味，撒入葱花即可。

鸡肉红枣粥

[原料]

大米50克，香菇、红枣、鸡肉各30克

[调料]

料酒、姜末、盐、葱花各适量

[制作方法]

1. 鸡肉洗净，切丁，用料酒腌渍。大米淘净，泡好。红枣洗净，去核，对切。香菇用水泡发，洗净，切片。

2. 锅中加适量清水，下入大米武火烧沸，再下入鸡丁、红枣、香菇、姜末，转中火熬煮。

3. 改文火将粥焖煮好，加盐调味，撒上葱花即可。

鸭肉火腿粥

[原料]

鸭肉100克，火腿50克，花生50克，香菇50克，粳米100克

[调料]

盐适量

[制作方法]

1. 将花生洗净后放入清水中浸泡30分钟，捞出控干水分。

2. 火腿切丁。香菇洗净切丁。鸭肉洗净切丁，倒入沸水中煮熟，关火，晾凉。

3. 锅中加适量清水，倒入煮熟的鸭丁、洗净的粳米、火腿丁、香菇丁和花生，开大火煮沸后改小火熬煮成粥，待粥煮好后放入盐调味，焖制片刻，即可出锅。

海参鸡心红枣粥

[原料]

水发海参50克，鸡心、红枣各50克，大米200克

[调料]

葱花、姜末、胡椒粉、卤汁、盐各适量

[制作方法]

1. 鸡心洗净，放入烧沸的卤汁中卤熟，捞出切片。发好的海参洗净泥沙杂质。大米淘净，泡好。红枣洗净，去核。

2. 锅入清水，下入大米煮沸，下鸡心、红枣、姜末熬煮至米粒绽开，改小火，熬煮至鸡心熟透、米烂，加海参，加盐、胡椒粉调味，撒上葱花即可。

鸡蛋红枣醪糟粥

[原料]

醪糟、大米各50克，鸡蛋60克，红枣3粒

[调料]

白糖适量

[制作方法]

1. 大米洗净，泡发。鸡蛋煮熟，切碎。红枣洗净。

2. 锅置火上，倒入清水，放入大米、醪糟煮至七成熟。

3. 放入红枣，煮至米粒开花。放入鸡蛋，加入白糖调匀即可。

肉蛋豆腐粥

[原料]

大米50克，瘦猪肉25克，豆腐15克，鸡蛋60克

[制作方法]

1. 将瘦猪肉剁为泥，豆腐研碎，鸡蛋去壳，将一半蛋液搅散。

2. 将大米洗净，加清水，文火煨至八成熟时下肉泥，继续煮。

3. 将豆腐碎、蛋液倒入肉粥中，旺火煮至蛋熟。

三文鱼油菜粥

[原料]
三文鱼肉20克，油菜叶3片，稠米粥100克

[调料]
姜片适量

[制作方法]

1. 在锅中加一杯水，放入三文鱼肉，加姜片煮熟。

2. 将三文鱼肉捞出，剔掉鱼刺，捣碎，鱼汤留用。

3. 油菜叶用水焯熟，切成碎末。

4. 鱼汤、鱼泥加稠米粥一起煮，边煮边搅至黏稠。

5. 最后加入油菜叶末，边煮边搅拌，1分钟后起锅即可。

鸡丝蛋炒饭

[原料]
鸡蛋、鸡肉各100克，米饭150克

[调料]
葱、淀粉、白糖、料酒、植物油、盐各适量

[制作方法]

1. 将鸡肉洗净后切成丝，加白糖、淀粉、盐腌渍片刻。

2. 葱洗净后切葱花备用。

3. 鸡蛋打散制成蛋液，倒入平底锅中摊成蛋皮，取出切成丝。

4. 锅中加适量植物油，烧至四成热后倒入鸡丝和料酒，翻炒至熟，倒入米饭，加葱花、盐调味，炒均匀后倒入切好的蛋丝，继续炒透即可出锅。

西式炒饭

[原料]

大米150克，胡萝卜、洋葱、青豆、粟米、火腿、叉烧肉各50克

[调料]

番茄酱、白糖、色拉油、盐各适量

[制作方法]

1. 大米淘洗干净，放入蒸饭锅中，加入水，煮熟成米饭。
2. 胡萝卜洗净，切粒。火腿切粒。叉烧肉切粒。青豆、粟米洗净。洋葱去皮洗净，切粒。
3. 锅入色拉油烧热，放胡萝卜粒、青豆、粟米、洋葱粒、火腿粒、叉烧肉粒翻炒，加番茄酱、白糖、盐调味，下入熟米饭炒匀，出锅即可。

土豆焖饭

[原料]

土豆200克，猪五花肉100克，熟米饭250克

[调料]

香菜叶、葱末、姜末、蒜末、酱油、食用油、盐各适量

[制作方法]

1. 土豆去皮洗净，切丁。猪五花肉洗净，切成丁。
2. 锅入食用油烧热，放入切好的五花肉丁、土豆丁、葱末、姜末、蒜末，煸炒至八成熟，倒入酱油、熟米饭，加入盐调味，翻炒均匀，出锅装盘，点缀香菜叶即可。

苋菜香油蒸饭

[原料]

大米300克，苋菜100克，玉米粒50克

[调料]

蒜、香油各适量

[制作方法]

1. 苋菜切小段。蒜切片，备用。

2. 锅中倒入香油烧热，爆香蒜片，加苋菜段炒至苋菜出水后，捞起沥干备用。

3. 大米洗净后沥干水分，与炒好的苋菜及玉米粒拌匀，上蒸笼蒸熟即可。

泰皇炒饭

[原料]

米饭300克，虾仁、蟹柳各50克，菠萝、芥蓝、洋葱、青椒、红椒各20克，鸡蛋60克

[调料]

泰皇酱、植物油各适量

[制作方法]

1. 青椒、红椒去蒂洗净，切粒。洋葱洗净，切粒。菠萝去皮，切粒。鸡蛋搅匀成蛋液。芥蓝洗净，切粒。

2. 锅入植物油烧热，入鸡蛋液炸至成蛋花，将青椒粒、红椒粒、洋葱粒、菠萝粒、蟹柳、芥蓝粒、虾仁爆炒至熟，倒入米饭一起炒香，加入泰皇酱炒匀即可。

家常炒面

[原料]

面条300克，鸡蛋60克，肉丝50克，小油菜30克

[调料]

葱段、酱油、花生油、盐各适量

[制作方法]

1. 将面条放入沸水，小煮一会儿，捞出用冷水冲。

2. 锅烧热，倒入花生油，放入鸡蛋，炒熟盛出。再放入花生油，放入葱段、小油菜、肉丝翻炒，加盐、酱油调味，再放入面继续翻炒。

3. 改用筷子不断搅拌面，目的是搅散面，再放入鸡蛋、葱，翻炒一会儿即可。

内蒙古炖面

[原料]

手擀宽面条200克，土豆、芸豆各100克，牛肉50克

[调料]

葱片、姜片、色拉油、酱油、盐各适量

[制作方法]

1. 手擀宽面条煮熟，过凉水控水。土豆洗净，去皮切条。芸豆洗净，去筋切段。牛肉洗净，切条。

2. 锅入色拉油烧热，放入葱片、姜片、酱油爆香，再加入牛肉条、土豆条、芸豆段、盐、水炖烧6分钟，待牛肉条熟烂，放入宽面条炖1分钟，出锅即可。

煎包

[原料]

猪肉丁、韭菜各300克，水发粉条200克，面粉500克

[调料]

姜末、酱油、盐、花生油各适量

[制作方法]

1. 水发粉条剁碎。韭菜洗净，切末，加油拌匀。猪肉丁加粉条碎、酱油、盐、姜末、韭菜末拌成馅。面粉加水和成面团，稍饧后搓成长条，分成面剂，擀成皮。

2. 面皮放入馅料包成坯包。平底锅烧热，把花生油均匀地滴在锅面上，把坯包逐个整齐摆入锅内煎制。另用面粉加水调成面糊，浇入锅内，加盖焖煮熟，开盖淋花生油，再加盖小火焖1分钟即可。

萝卜丝团子

[原料]

玉米面、小麦面粉各200克，白萝卜100克，黄豆粉50克，猪肉末300克

[调料]

葱末、姜末、酱油、发酵粉、香油、盐各适量

[制作方法]

1. 玉米面、小麦面粉、黄豆粉放入盆内，加发酵粉、温水拌匀，和成面团，稍饧。白萝卜洗净，切成丝，放入沸水中焯一下，捞出，用冷水过凉，挤干水分。

2. 锅入香油烧热，放入葱末、姜末煸香，倒入猪肉末炒散，加酱油、盐炒匀，加萝卜丝拌成馅。

3. 面团分成剂子，擀成面皮包上馅料，入蒸锅隔水蒸7分钟即可。

莜面团子

[原料]

莜面100克，土豆300克

[调料]

蒜泥、酸菜汁、香油、辣椒油、盐各适量

[制作方法]

1. 土豆洗净，去皮，切成丝，把莜面拌入，再加入少许清水，用手攥成小团，放入蒸笼中，在沸水锅中隔水蒸4分钟，蒸熟后拿出摆盘。

2. 将香油、辣椒油、蒜泥、酸菜汁、盐调成味汁，随蒸好的团子上桌，食用时蘸汁即可。

四喜烧麦

[原料]

面粉、猪肉馅各200克，胡萝卜丁、芹菜丁、香菇丁、鸡蛋液各50克

[调料]

葱末、姜末、淀粉、生抽、料酒、盐各适量

[制作方法]

1. 沸水倒入面粉中搅拌，揉成面团，放置20分钟。猪肉馅加淀粉、料酒、盐、生抽、葱姜末拌匀。鸡蛋液炒成蛋碎。

2. 面团制成剂子，擀成饺子皮，包入猪肉馅对角拉起捏牢，将蛋碎、胡萝卜丁、香菇丁、芹菜丁分别放入四个角中，制成烧麦，入蒸锅蒸熟即可。

玉米面蒸饺

[原料]

玉米面300克，韭菜、猪肉各100克，虾皮、粉条各50克，面粉200克

[调料]

面酱、花椒粉、香油、猪油、盐各适量

[制作方法]

1. 韭菜洗净，切末。虾皮洗净，沥干水分。粉条泡发，剁碎。猪肉洗净，剁成肉泥。以上原料混合，淋热猪油、香油，加面酱、花椒粉、盐调味，拌成馅料。

2. 锅入清水烧沸，倒入玉米面搅匀，稍晾，和好。面粉作粉芡，搓成细条，揪成剂子，剂口朝上摆好，撒上面粉，剂按扁，擀成圆饼，包入馅料成饺子，上笼蒸15分钟即可。

素馅荞麦面包

[原料]

荞麦面粉200克，鸡蛋2个，韭菜100克，虾米、水发木耳各30克

[调料]

姜末、盐、香油各适量

[制作方法]

1. 将鸡蛋磕入碗内，搅打均匀，加入盐，煎成蛋饼，取出切碎。木耳洗净，切碎。韭菜择洗干净，切成末。虾米涨发，洗净切末。

2. 鸡蛋、虾米、韭菜、姜末、木耳放盆内，加盐、香油拌成馅。

3. 荞麦面加温水，和成面团，搓成条，分成剂子，擀成包子皮，包入素馅，边捏紧，成包子生坯。摆入屉中蒸20分钟即可。

罗汉果茶

[原料]

罗汉果1个

[制作方法]

　　取干罗汉果小半个，撕成小片，放入杯中，倒入刚烧开的开水，泡5分钟之后即可饮用。

[保健功效]

　　排毒养颜效果极佳。罗汉果甜味极重，建议用量不宜过多，以免影响口感。此款茶饮可经常饮用，且制作非常简单。

芦荟菊花红茶

[原料]

鲜芦荟200克，红茶适量，蜂蜜200克，菊花5克

[制作方法]

1. 取20厘米长的新鲜芦荟一段，洗净，去皮。

2. 洗净的芦荟和菊花一起放进沸水中，直至菊花散开。

3. 最后加红茶包和一茶匙蜂蜜同煮3分钟即可饮用。

枸杞茶

[原料]
干枸杞100克

[制作方法]

　　取干枸杞10粒左右，用开水冲泡开即可以用。

[保健功效]

　　枸杞，性味甘平，可滋肾，润肺，补肝，明目，治肝肾阴亏，腰膝酸软，头晕，目眩，目昏多泪，遗精等

核桃牛奶饮

[原料]
核桃30克，山楂20克，甜杏仁15克，牛奶200毫升，冰糖屑10克

[制作方法]

1. 核桃仁洗净，去皮，压碎，研磨成碎备用。
2. 山楂洗净，去核，切片。
3. 杏仁，去皮，研成粉末。
4. 把牛奶放入炖锅内，加入核桃仁碎、山楂片、杏仁粉、冰糖，中火烧沸。
5. 用小火煮5分钟，倒入杯中，待稍凉时即可饮用。

姜枣茶

[原料]

生姜200克，大枣200克，盐20克，甘草30克，丁香30克，沉香5克

[制作方法]

1. 将生姜、大枣、盐、甘草、丁香、沉香共捣成粗末和匀，用瓶子密封保存。

2. 每天早晨取10克到15克，用沸水冲泡。

3. 冲泡约10分钟即可代茶饮用。

普洱菊花茶

[原料]

普洱茶叶10克，菊花3克

[制作方法]

　　取普洱茶叶、菊花放入杯中，用开水冲泡，闷盖10分钟之后即可饮用。

Part
4

冬季养生

冬季各节气的特点及养生要点

❶ 立冬

在每年阳历 11 月 7 日或 8 日。冬季开始了，此时要特别注意防寒保暖，以保护人体阳气。元代丘处机《冬季摄身消息论》说："冬三月，天地闭藏，无扰乎阳，早卧晚起，以待阳光，去寒就温，毋泄肌肤，逆之伤身，春为痿厥，奉生者少。宜寒极稍加棉衣，以渐加厚，不得一顿便多，惟无寒即已。不得频用大火烘炙，尤其损人。"

❷ 小雪

在每年阳历 11 月 22 日或 23 日。小雪时节，天气逐渐寒冷，人体易患呼吸道疾病，如上呼吸道感染、支气管炎、肺炎等，特别是小儿，很容易因气候变化、衣着不慎而引起感冒和支气管炎。这个时节仍应坚持慢慢加衣，不要一下子穿得太厚太臃肿。穿衣原则是以不出汗为度，避免毛孔大开，引风邪寒气侵入人体。

❸ 大雪

在每年阳历 12 月 6 日 ˉ 8 日。大雪时节，万物生机潜藏，不要轻易扰动阳气，应早睡晚起，保持沉静愉悦。要避免受寒，保持温暖，室温以 16℃ ˉ 20℃ 最为理想。冬天居室还要保持合适的湿度，以 30% ˉ 40% 为宜，湿度过低会使上呼吸道黏膜水分丢失，防御功能降低，咽喉干燥。

❹ 冬至

在每年阳历 12 月 21 日 ˉ 23 日。冬至是一年中白昼最短而夜晚最长的一天，也是"数九"的开始。"数九"是一年中最寒冷的时期，要注意防冻保暖，特别是中老年人和儿童。许多宿疾最易在这一时期发作，如呼吸系统、泌尿系统疾病在这时期发病率相当高。

❺ 小寒

在每年阳历 1 月 5 日 ˉ 7 日。此时要注意防寒保暖，减少户外活动，早睡晚起，不要让皮肤出汗而耗阳，使人体与"冬藏"之气相应。

❻ 大寒

在每年阳历 1 月 20 日或 21 日。大寒正值三九后，气温很低，人体应固护精气，滋养阳气，将精气内蕴于肾，化生气血津液，促进脏腑生理功能。在大寒时节，更应注意防寒保暖，促进四肢末梢的血液循环，防止冻疮发生。

冬季进补的方法

冬季食补的方法

冬季进补应选择温热性的食品，如食补宜进食羊肉，羊肉含有蛋白质、脂肪、维生素、钾、钙、磷、铁等营养素，能补阳养血，阳虚体质尤宜。海参、鱼翅也是很好的冬令补品，海参更被称为"童叟补剂"，易消化，易吸收，多食有益。

适合冬季进补的食品：

糯米、胡桃肉、羊肉、狗肉、龟肉、鳖肉、鹿肉、兔肉、麻雀、虾、猪肾、鸽蛋、鹌鹑、野鸡肉、黄鳝、海参、鱼鳔、黑豆、芝麻、羊肾、枸杞、韭菜等。

冬季药补的方法

冬季进补的中药药性应偏于温热养阳，但应以温而不散、热而不燥为要。可以采用胶类进补，如鳖甲胶、龟板胶，可滋阴；鹿角胶，可补阳。但胶类对肠胃功能偏弱者不太适宜。也可采用一些中成药进补，如心悸、失眠者，可用天王补心丹；筋骨酸痛者，可用人参再造丸；阴虚腰酸者，可用六味地黄丸；心脾不足者，可用人参归脾丸；气血两亏者，可用十全大补丸；老人阳虚，可用全鹿丸或参茸丸等。这些丸药配伍周密，只要选择恰当，对症施药，就可以收到良好的效果。

适合冬季进补的药材：

冬虫夏草、黄狗肾、海马、旱莲草、人参、鹿茸、补骨脂、益智仁、杜仲、牛膝、山药、何首乌、肉苁蓉、巴戟天、枸杞子、葫芦巴、骨碎补、狗脊、韭子、续断、覆盆子、菟丝子等。

清炒小白菜

原料
小白菜300克

调料
姜末、花生油、酱油、盐各适量

制作方法

1. 将小白菜洗净后切成小段备用。

2. 锅中放适量花生油，烧热后放入姜末，炒至有香气后放入小白菜段大火炒至6分熟，然后加入适量的酱油和盐，再翻炒几下，出锅装盘即可。

炝炒土豆丝

原料
土豆200克，食用油25克

调料
酱油、盐、醋各适量

制作方法

1. 土豆一个，洗净削皮，用擦子擦成细丝。

2. 把土豆丝放入盆里，加入清水没过土豆丝，然后加入一点醋和盐，浸泡5分钟。

3. 锅中加少许食用油烧热，放入土豆丝，大火翻炒，待土豆丝快熟时放入酱油、醋、盐调味，略炒一下出锅即可。

香辣茄盒

[原料]

茄子400克，猪肉馅150克

[调料]

葱末、姜末、蒜末、花椒、干辣椒段、鸡蛋糊、食用油、酱油、料酒、盐、香葱末各适量

[制作方法]

1. 茄子洗净，切夹刀片，猪肉馅加料酒、酱油、盐、葱末、姜末拌匀。

2. 在茄子片中塞进肉馅，裹蘸鸡蛋糊，入热油锅中炸成茄盒，捞出控油。

3. 锅中留油烧热，放入蒜末、花椒、干辣椒段炒香，放入炸好的茄盒，撒香葱末翻匀即可。

雪菜平锅豆腐

[原料]

豆腐500克，雪里蕻末100克，番茄丁50克，牛肉馅80克

[调料]

姜末、蒜末、生抽、盐、蛋液、食用油各适量

[制作方法]

1. 豆腐控干水分，切长方片，再撒入盐调味，裹蛋液放煎锅中，煎两面金黄倒出备用。

2. 锅入食用油烧热，放入姜末、蒜末爆香，加入牛肉馅、雪里蕻末，煸炒至水分炒干，再放番茄丁翻炒，最后放入豆腐片，淋生抽，翻炒出锅即可。

香煎豆腐

[原料]

豆腐300克，红椒圈50克，肉末50克

[调料]

葱丝、姜末、蒜茸、鲜汤、蚝油、盐、食用油各适量

[制作方法]

1. 豆腐切成骨排块。

2. 锅入油烧至九成热，将豆腐整齐地摆放至锅内，煎至两面金黄，出锅备用。

3. 锅留底油，下肉末、红椒圈、蒜茸、姜末、盐、蚝油，略炒，倒入鲜汤，再放入煎好的豆腐块，轻轻颠炒均匀，焖至汤汁快收干时，出锅装盘，撒上葱丝即可。

生煎里脊

[原料]

里脊肉400克，洋葱末50克，鸡蛋清20克

[调料]

花椒、番茄酱、菱粉、色拉油、辣酱油、酱油、绍酒、白糖、盐各适量

[制作方法]

1. 里脊肉洗净，切成厚片，用刀背捶松，加入花椒、菱粉、辣酱油、酱油、绍酒、白糖、盐腌制2小时，捞出。

2. 腌制好的里脊肉片，均匀地裹上一层蛋清糊，备用。

3. 锅入色拉油烧热，放入里脊肉片煎至两面呈金黄色，沥油，改刀成片。食用时蘸番茄酱即可。

干炸里脊

[原料]

猪里脊肉300克

[调料]

淀粉、花椒盐、植物油、料酒各适量

[制作方法]

1. 淀粉加入适量水调成硬糊。

2. 猪里脊肉洗净，切长块，用料酒调味，放入硬糊中拌匀。

3. 锅入植物油烧热，放入拌好的里脊肉块炸至呈焦黄色，再转微火上浸炸，转旺火将其炸至焦酥，捞出，放入盘中，撒上花椒盐即可。

蒜香盐煎肉

[原料]

猪里脊肉300克，彩椒、青蒜、洋葱各100克

[调料]

蒜片、淀粉、辣酱、腐乳汁、植物油、香油、酱油、白糖、盐各适量

[制作方法]

1. 猪里脊肉洗净，切片，加入酱油、盐、白糖、腐乳汁、淀粉、香油、植物油拌匀，腌渍片刻。

2. 洋葱、青蒜、彩椒分别洗净，切丝。

3. 锅入油烧热，放入蒜片炒香，下入腌渍好的肉片翻炒至变色，加入适量清水，放入洋葱丝、青蒜丝、彩椒丝，加辣酱炒匀即可。

脆皮纸包肉

[原料]

五花肉馅300克，蒸肉料粉100克，鸡蛋60克

[调料]

面包糠、威化纸、豆瓣酱、鲜汤、海鲜酱油、植物油、盐各适量

[制作方法]

1. 五花肉馅加入海鲜酱油、盐、豆瓣酱、鲜汤，拌匀备用。

2. 将肉馅放入平盘中抹平，入锅蒸熟，取出晾凉，切成小方块，同蒸肉料粉一起卷入威化纸内。

3. 将鸡蛋打入碗中，用筷子搅拌均匀，放入肉卷蘸上蛋液，蘸匀面包糠，入热油锅中炸至呈金黄色，捞出沥油，装盘即可。

麻香脆里脊

[原料]

猪里脊肉250克，熟白芝麻、鸡蛋清各20克

[调料]

水淀粉、植物油、酱油、料酒、盐各适量

[制作方法]

1. 猪里脊肉洗净，切片，两边均匀地剞上十字花刀，再切长条，放碗中，加盐、料酒、酱油腌渍入味。

2. 取一小碗，放入鸡蛋清、水淀粉，搅匀成糊。

3. 锅入油烧热，将肉条挂上蛋糊，再滚满熟白芝麻，放入油锅中炸透捞出，油温升高到九成热，入肉条炸黄，捞出，改刀即可。

香酥炸肉

[原料]

猪肋排肉500克

[调料]

葱花、姜丝、淀粉、胡椒粉、花生油、料酒、盐各适量

[制作方法]

1. 猪肋排洗净，切成长条，焯水捞出，放入碗中，加入料酒、盐、葱花、姜丝腌渍入味。
2. 锅入油烧至六成热，将肉条裹匀淀粉，用温火炸至九成熟，捞出。
3. 原锅留油烧热，放肉条复炸至呈金黄色，捞出装盘，撒胡椒粉即可。

软炸里脊

[原料]

猪里脊肉200克，鸡蛋清20克

[调料]

水淀粉、植物油、料酒、盐各适量

[制作方法]

1. 猪里脊肉洗净，切片，剞十字花刀，再切条，放入碗中，加入盐、料酒腌渍入味。
2. 再取一碗，放入鸡蛋清、水淀粉搅匀成糊。
3. 锅入油烧热，将肉片逐片蘸上蛋糊，放入油锅中炸透捞出，待油温升至200℃时，将肉投入复炸至呈深红色，捞出沥油，装盘即可。

金玉红烧肉

[原料]

五花肉、猪前臀尖肉各200克，时令青菜100克

[调料]

葱段、姜片、蒜片、八角、植物油、酱油、白糖各适量

[制作方法]

1. 五花肉、猪前臀尖肉洗净，切大块。青菜择洗干净。

2. 锅入清水烧沸，滴入植物油，放入青菜焯水，捞出，码在盘边。

3. 锅入油烧热，放白糖炒化，放入蒜片炒香，下入肉块炒变色，淋酱油炒至肉块都裹上酱油，入开水烧沸，撇净浮沫，加葱段、姜片、八角烧煮，倒入砂锅中煮开，转小火炖2小时即可。

一品脆香肉

[原料]

带皮猪五花肉300克，芹菜20克，鸡蛋60克

[调料]

二锅头、南乳汁、淀粉、植物油、白糖、椒盐各适量

[制作方法]

1. 带皮猪五花肉洗净，切成薄片。芹菜洗净，切成长段。

2. 五花肉片装入碗中，加入二锅头、南乳汁、白糖拌匀，再加入鸡蛋、淀粉腌渍入味。

3. 锅入油烧热，下入腌好的五花肉片、芹菜段炸至酥脆，装入盘中，食用时蘸椒盐即可。

双椒烧仔骨

[原料]

猪排骨500克，干红辣椒20克

[调料]

葱花、姜片、花椒、植物油、高汤、酱油、淀粉、醪糟、白糖、淀粉、香油各适量

[制作方法]

1. 排骨洗净，垛小块，加淀粉、香油腌拌。干红辣椒洗净，切段。

2. 腌好的排骨放入油锅中过油，捞出沥油。

3. 锅留底油烧热，放入花椒、干红辣椒段、姜片、葱花爆香，加高汤、酱油、排骨块炒匀煮开，加入淀粉、醪糟、白糖勾芡，淋香油，装入盘中即可。

干烧排骨

[原料]

猪排骨800克，洋葱200克，红辣椒20克

[调料]

酱油、料酒、白糖、盐、食用油各适量

[制作方法]

1. 排骨洗净，剁成块。红辣椒洗净，剁碎。

2. 洋葱洗净，切丝，放入热油锅中，加入盐炒熟，捞出盛盘中。

3. 油锅烧热，放入排骨翻炒，待肉发白时，加入酱油、料酒、白糖，加适量清水烧至水干，加入盐调味，待排骨熟烂后起锅倒在洋葱上，撒上红辣椒碎即可。

焦炸象眼

[原料]

熟肥肠500克，鸡蛋120克，面粉50克

[调料]

葱段、姜片、葱白、花椒盐、植物油、绍酒、盐各适量

[制作方法]

1. 熟肥肠切片。将鸡蛋、面粉调成糊，裹匀熟肥肠。

2. 锅入油烧至六成热，下入裹匀蛋糊的肥肠片炸至呈微黄色，捞出。

3. 原锅留油烧热，放入葱段、姜片、葱白爆香，加入绍酒、盐，放入肥肠片复炸至呈金黄色，捞出沥油，装入盘中，撒上花椒盐即可。

香辣猪油渣

[原料]

猪五花肉300克，干辣椒碎10克

[调料]

蒜粒、食用油、料酒、白糖、盐各适量

[制作方法]

1. 猪五花肉洗净，切片，加入盐、料酒、白糖腌渍，备用。

2. 锅入油烧热，放入五花肉片炸至呈金黄色，捞出沥油。

3. 锅留余油烧热，放入干辣椒碎、蒜粒爆香，放入炸干的五花肉片，炒匀即可。

麻花肥肠

[原料]

麻花200克，肥肠300克

[调料]

葱段、姜片、花椒、干辣椒段、植物油、料酒、盐各适量

[制作方法]

1. 肥肠处理干净，切成段，入沸水锅中，调入料酒、葱段、姜片焯烫，捞出沥干水分。

2. 锅入油烧热，下肥肠稍炸，捞出沥油。

3. 锅内留底油，下入干辣椒段、花椒煸出香味，加入麻花、肥肠段炒熟，加盐调味，出锅即可。

清炸肥肠

[原料]

排骨800克，洋葱200克，红辣椒20克

[调料]

酱油、料酒、白糖、盐、食用油各适量

[制作方法]

1. 排骨洗净，剁成块。红辣椒洗净，剁碎。

2. 洋葱洗净，切丝，放入热油锅中，加入盐炒熟，盛入盘中。

3. 油锅烧热，放入排骨翻炒，待肉发白时，加入酱油、料酒、白糖，加适量清水烧至水干，加入盐调味，待排骨熟烂后，起锅倒在洋葱上，撒上红辣椒碎即可。

莴笋烧肚条

[原料]

猪肚200克，莴笋150克，青椒、红椒各10克

[调料]

蒜瓣、植物油、红油、料酒、盐各适量

[制作方法]

1. 莴笋去皮洗净，切条，焯熟后摆盘。猪肚洗净，焯水捞出，切条。青椒、红椒洗净，切条。

2. 锅入油烧热，放入青椒条、红椒条、蒜瓣炒香，放入猪肚条翻炒片刻，倒入水烧开，继续烧至肚条熟透，待汤汁浓稠时，调入盐、料酒、红油拌匀，起锅倒在莴笋条上即可。

大蒜烧牛腩

[原料]

牛腩300克，洋葱100克，蒜瓣200克

[调料]

胡椒粉、水淀粉、鸡粉、植物油、酱油、料酒、白糖、盐各适量

[制作方法]

1. 牛腩洗净，切丁，加盐、水淀粉拌上浆。洋葱去皮，洗净切丁。

2. 炒锅入油烧热，下牛肉丁旺火煸至八成熟，捞出沥干。

3. 锅中留油烧热，下蒜瓣小火炸透，放洋葱丁、牛肉丁爆炒片刻，烹料酒，加盐、鸡粉、酱油、白糖、胡椒粉炒匀，勾芡即可。

虎皮杭椒浸肥牛

[原料]

肥牛肉片200克，杭椒300克，金针菇、豆腐皮各100克，红辣椒丝5克

[调料]

葱段、姜片、胡椒粉、植物油、香油、酱油、生抽、盐各适量

[制作方法]

1. 牛肉片洗净，氽水。杭椒洗净，切段。金针菇、豆腐皮分别洗净。

2. 锅入油烧热，放入杭椒段煸炒，加入酱油，烧至杭椒片微黄变软，取出装盘。

3. 锅入清水加葱段、姜片、生抽、盐、胡椒粉烧开，入金针菇、豆腐皮、牛肉片烧熟，放在杭椒上，淋香油，撒红辣椒丝即可。

芹菜烧土豆肥牛

[原料]

牛肉180克，土豆150克，芹菜80克

[调料]

干辣椒片、色拉油、酱油、盐各适量

[制作方法]

1. 肥牛洗净，切块。土豆去皮，洗净，切块。芹菜择洗干净，切段。

2. 锅入油烧热，入肥牛肉煸炒至肉变色，捞出。

3. 锅内留油，加土豆炒熟，入肥牛肉、蒜薹、干辣椒炒香，下盐、酱油调味，烧至汤稠味浓时盛盘即可。

红烧羊肉

[原料]

带骨羊肉1000克

[调料]

葱花、姜末、青蒜叶、红椒段、八角、冰糖、水淀粉、酱油、料酒、盐各适量

[制作方法]

1. 羊肉洗净，放清水锅中火烧开，取出洗净。青蒜叶洗净，切段。

2. 羊肉、料酒、酱油、红椒段、八角、盐、葱花、姜末放入锅中，加入清水，旺火烧开，撇去浮沫，加入冰糖，小火焖3小时，待肉熟透，取出肉块，去骨。

3. 羊肉切块，放入原汁，收汁，加青蒜叶，用水淀粉勾芡即可。

西式炒羊肉

[原料]

羊肉500克，洋葱200克，红尖椒、干辣椒段各20克

[调料]

葱段、蒜末、粟粉、花生油、蚝油、酱油、盐各适量

[制作方法]

1. 洋葱洗净，切丝。红尖椒洗净，切成丁。将粟粉、蚝油、酱油、盐、水调成味汁。

2. 羊肉洗净，切成条。锅入花生油烧热，放入羊肉条炒散，捞出。

3. 原锅入油烧热，下入洋葱丝、蒜末、葱段、红尖椒丁、干辣椒段爆香，入羊肉条炒匀，倒入味汁翻匀，待汤汁收浓即可。

啤酒干锅羊肉

[原料]

羊肉500克

[调料]

姜片、香蒜、香料包、啤酒、干锅酱、蚝油、生抽、老抽、盐各适量

[制作方法]

1. 羊肉洗净，汆水，捞出，入油锅中炒干，入啤酒、蚝油、生抽、老抽、干锅酱、盐煸炒，盛出。
2. 羊肉、香料包放入煲汤袋中，加水烧开。
3. 羊肉放入高压锅中，加入香料包烧5分钟，小火焖2分钟，倒出，放入锅中，入姜片、香蒜，倒入半杯啤酒，待啤酒烧开后，改中小火烧至汤汁浓稠即可。

生炒羊肉片

[原料]

羊里脊肉400克，青尖椒、红尖椒各20克

[调料]

姜片、蒜末、香菜段、绍酒、白胡椒粉、水淀粉、豆瓣酱、盐各适量

[制作方法]

1. 羊里脊肉洗净，切片。
2. 将青尖椒、红尖椒分别洗净，去蒂、子，切片。
3. 锅入油烧热，放入姜片、蒜末、豆瓣酱炒出香味，再放入羊肉片，烹入绍酒爆炒至九成熟。加入青尖椒片、红尖椒片、香菜段，调入白胡椒粉、盐炒至入味，用水淀粉勾芡即可。

美味健身菜
MEIWEI JIANSHENCAI

观音茶香鸡

[原料]

土鸡750克，铁观音200克，蒜苗50克，香芹30克

[调料]

植物油、白糖、盐各适量

[制作方法]

1. 鸡洗净斩件，放入油锅中炸至呈金黄色，捞出。蒜苗洗净，切段。香芹择洗干净，切段。

2. 锅入油烧热，放入铁观音炸熟，捞出。

3. 另起锅入油烧热，放蒜苗段、香芹段炝锅，加入白糖、盐调味，加入鸡块、铁观音翻炒均匀，出锅即可。

风沙脆鸡丁

[原料]

鸡丁300克，面包渣100克

[调料]

葱段、蒜片、植物油、青红小米椒圈、蛋清、生抽、料酒、白糖、盐各适量

[制作方法]

1. 鸡丁洗净，沥干，加盐、料酒、白糖、生抽腌至入味，裹匀蛋清，粘面包渣。

2. 炒锅置火上，倒入植物油烧热，下入鸡丁炸出香味，捞出沥油。

3. 锅内留底油，下入葱段、蒜片、青红小米椒圈、盐煸香，下入鸡丁炒匀即可。

香酥腐乳翅

[原料]

鸡翅中500克

[调料]

腐乳汁、蒜汁、淀粉、鸡蛋液、面包糠、植物油、料酒各适量

[制作方法]

1. 鸡翅中洗净，加入蒜汁、料酒、腐乳汁腌渍。

2. 将腌好的鸡翅拍淀粉，裹入蛋液，滚匀面包糠，放入热油锅中炸至定型，关火，待鸡翅浸熟后捞出。油锅再次烧热，放入鸡翅复炸至呈金黄色，捞出装盘即可。

生煎鸡翅

[原料]

鸡翅500克，小青菜100克

[调料]

葱花、蒜泥、植物油、酱油、料酒、白糖、盐各适量

[制作方法]

1. 鸡翅洗净，剞十字花刀，用料酒、酱油、白糖、蒜泥腌渍入味。小青菜择洗净。

2. 锅入油烧热，将青菜炒熟，炒至断生，捞出，垫在盘底。

3. 另起锅入植物油烧热，放入鸡翅煎至两面呈金黄色。用料酒、酱油、白糖调成汁，分两次泼入锅中鸡翅上，起锅颠翻，盛出，放在小青菜上，撒葱花即可。

蒜蓉香墨片

[原料]

鲜墨鱼200克，生菜100克，鸡蛋60克，西芹、洋葱、面粉各50克

[调料]

蒜蓉、沙姜粉、香叶、面包屑、色拉油、料酒、盐各适量

[制作方法]

1. 墨鱼剞上刀纹，用料酒、蒜蓉、沙姜粉、西芹、洋葱、香叶、盐腌渍几小时。鸡蛋打散。生菜洗净，铺入盘中。

2. 墨鱼拍上面粉，挂上打好的蛋液，均匀地裹上面包屑。

3. 锅入油烧至六成热，放入处理好的墨鱼炸至色泽金黄、熟透，捞出，切条，装盘即可。

豆瓣酱烧肥鱼

[原料]

鲇鱼500克，冬笋丝50克，香菇丝25克

[调料]

葱末、姜末、蒜末、辣豆瓣酱、水淀粉、熟猪油、料酒、高汤、酱油、白糖、盐、食用油各适量

[制作方法]

1. 鲇鱼洗净，剁段，用盐、料酒腌渍片刻，洗净，入热油锅炸至五成熟，捞出沥油。

2. 锅入猪油烧热，下入冬笋丝、冬菇丝、姜末、蒜末、辣豆瓣酱，炒出香辣味，再放入鲇鱼、高汤、酱油、白糖烧开，改文火焖熟，水淀粉勾芡，撒葱末即可。

泡菜烧带鱼

[原料]

冻带鱼300克，泡青菜50克，胡萝卜丁10克

[调料]

葱段、姜末、蒜末、鲜汤、淀粉、胡椒粉、红辣椒段、植物油、醋、酱油、料酒、盐各适量

[制作方法]

1. 带鱼洗净，切段。泡青菜切片。

2. 带鱼入油锅炸黄，捞起。锅留底油烧热，下红辣椒段、泡青菜片、胡萝卜丁、姜末、蒜末炒出香味，放鲜汤、带鱼段、盐、料酒、酱油、醋、胡椒粉烧入味，带鱼段装盘。淀粉勾芡，待汁浓稠后加葱段，淋在带鱼上即可。

干烧带鱼

[原料]

带鱼600克，猪油50克，榨菜30克

[调料]

豆瓣酱、干辣椒丝、香油、香菜末、料酒、酱油、白糖、醋、葱末、姜末、蒜末、植物油、盐各适量

[制作方法]

1. 带鱼治净，斩成长段。猪油、榨菜均切成细丁。

2. 锅入植物油烧至八成热，放入带鱼，分次炸至外皮略硬，捞出。

3. 锅留油烧热，加香油，油沸时下入干辣椒丝煸香，放豆瓣酱、葱末、姜末、蒜末炒香，下肉丁、榨菜丁炒散，加料酒、酱油、白糖、醋、盐、带鱼及水烧开，收汁，撒香菜末即可。

珊瑚鱼条

[原料]

净鱼肉500克，冬笋丝80克，香菇丝、红辣椒丝各40克

[调料]

葱丝、姜丝、香油、辣椒油、料酒、白糖、盐各适量

[制作方法]

1. 鱼肉切条，入八成热油锅略炸，捞出。

2. 锅入香油烧热，放红辣椒丝、姜丝、葱丝、冬笋丝、香菇丝煸炒，烹入料酒，加入白糖、盐、清水、鱼条烧沸后撇去浮沫，用小火焖烧，待鱼条熟后改用旺火收汁，淋辣椒油即可。

泡菜烧鱼块

[原料]

鲜鱼500克，泡酸菜50克，泡红辣椒3个

[调料]

葱花、姜末、蒜粒、高汤、面粉、水淀粉、植物油、醋、酱油、盐各适量

[制作方法]

1. 鱼处理干净，在鱼身两面划数刀，抹上盐，加面粉、水淀粉挂糊。

2. 鲜鱼入油锅煎至两面金黄色铲起。原锅油烧热，下入姜末、蒜粒、泡红辣椒炸香，放入酱油、高汤、鲜鱼烧开，放入泡酸菜烧5分钟，待鱼入味，下入水淀粉收汁，烹入醋，撒上葱花即可。

咸肉爆鳝片

[原料]

鳝鱼400克，熟咸肉100克

[调料]

葱花、姜片、蒜粒、青尖椒条、辣椒酱、水淀粉、胡椒粉、花生油、白醋、酱油、白糖各适量

[制作方法]

1. 鳝鱼肉洗净切段，咸肉切片，酱油、白醋、白糖、水淀粉调成芡汁。

2. 锅入油烧热，放入鳝鱼段、咸肉片爆炒片刻，倒入漏勺，沥去油。锅留底油，放入葱花、姜片、蒜粒、青尖椒条、辣椒酱、鳝鱼片、咸肉片略煸，倒入芡汁，翻炒几下，撒胡椒粉即可。

铁板韭香鲜鲍

[原料]

鲜鲍鱼400克，韭菜50克

[调料]

蒜末、蒸鱼豉油、植物油、盐各适量

[制作方法]

1. 鲜鲍鱼去壳取净肉，切花刀，入沸水中氽熟，捞出沥干。鲍鱼壳洗净，将肉放回原壳。韭菜洗净，备用。

2. 锅入植物油烧热，煸香蒜末、韭菜，加蒸鱼豉油、盐调味，放入鲍鱼翻炒均匀。将铁板烧热，倒入韭菜、鲍鱼即可。

芥末酱汁煮双蔬

[原料]

甘蓝、土豆各300克，洋葱、精瘦火腿肉各50克

[调料]

芥末酱、橄榄油、黑胡椒粉、盐各适量

[制作方法]

1. 甘蓝洗净，切片，煮熟。土豆洗净，削皮，对半切开，煮熟。精瘦火腿肉去掉油脂，切丁。洋葱洗净，切丁。

2. 锅入油中旺火烧热，放入洋葱丁，炒至软，加入火腿和芥末酱，加入甘蓝、土豆、盐、黑胡椒粉，续煮至蔬菜均匀受热，即可盛盘。

韭姜牛乳补肾汤

[原料]

牛奶180克，嫩韭菜50克

[调料]

姜、盐各适量

[制作方法]

1. 嫩韭菜洗净。姜洗净，切片。

2. 用干净纱布包好嫩韭菜、姜片，压出汁液，备用。

3. 净锅内注入牛奶，倒入韭菜汁烧开，加适量盐调味即可。

五彩腐皮汤

[原料]

胡萝卜、白萝卜、水发香菇、牛蒡各30克，豆腐80克，豆皮50克，芹菜叶10克

[调料]

蒜片、素高汤、盐各适量

[制作方法]

1. 胡萝卜、白萝卜分别洗净，切丁。芹菜叶洗净。牛蒡去皮洗净，切片。豆腐洗净，切丁，豆皮洗净，切条。

2. 蒜片放入高汤中煮，放入胡萝卜丁、白萝卜丁、豆腐丁、豆皮、牛蒡片、香菇和泡香菇水，旺火煮开后，加盐转中火煮约3分钟，撒上芹菜叶即可。

牛肝菌豆腐汤

[原料]

黑牛肝菌300克，内酯豆腐200克，番茄、豆苗各50克

[调料]

胡椒粉、葱油、鲜汤、盐各适量

[制作方法]

1. 黑牛肝菌洗净，切丝。番茄洗净，切丝。

2. 内酯豆腐放在盐水中浸泡10分钟，切丝。

3. 锅置火上，倒入鲜汤，下入黑牛肝菌丝、内酯豆腐丝、盐、胡椒粉同煮，待汤汁滚沸、豆腐丝浮起时，放入番茄丝、豆苗，淋葱油，出锅即可。

东北杀猪菜

[原料]

五花肉、排骨、酸菜、血肠各100克

[调料]

香油、五香粉、盐、食用油各适量

[制作方法]

1. 排骨洗净，切小块，煮熟备用。五花肉洗净，煮熟之后切成片。酸菜洗净，切丝。

2. 锅入油烧热，放入处理好的排骨块、五花肉片、酸菜丝，加水炖出香味。

3. 起锅前放入切成片的血肠，加香油、盐、五香粉调味即可。

金针炖肉丸

[原料]

金针菇50克，牛肉馅150克，水发木耳30克，白萝卜100克

[调料]

姜末、葱末、香菜末、胡椒粉、香油、盐各适量

[制作方法]

1. 牛肉馅加葱姜末、盐及少许香油拌匀备用，白萝卜去皮洗净切片备用。木耳洗净撕小块备用。

2. 锅内放水烧开，将牛肉馅挤成小丸子放入锅中，开锅下入萝卜片、金针菇和木耳旺火煮10分钟，加盐、胡椒粉调味，煮熟入味，出锅前撒入香菜末即可。

海带炖肉

[原料]

带皮猪五花肉500克，水发海带250克，胡萝卜、水发香菇各100克

[调料]

葱段、姜片、花椒、鲜汤、八角、植物油、酱油、白糖、盐各适量

[制作方法]

1. 五花肉洗净，切成块。海带洗净，切成与肉块大小相同的片。胡萝卜洗净，切片。

2. 锅入油烧热，放入肉块煸炒，下葱段、姜片、花椒、鲜汤、八角、植物油、酱油、白糖、盐炖至八成熟，放入海带、胡萝卜片、水发香菇炖20分钟，拣去葱花、姜片、花椒、八角即可。

黄豆排骨汤

[原料]

黄豆60克，猪小排400克，榨菜、大枣各20克

[调料]

姜片、盐各适量

[制作方法]

1. 黄豆洗净，放入炒锅中略炒，盛出。榨菜洗净，切片，用清水浸泡，洗去咸味。

2. 排骨洗净，斩成段，放入开水中余透，捞起。

3. 瓦煲内加入适量清水烧开，放入排骨段、黄豆、姜片、大枣、榨菜片。待汤烧开，改用中火煲至黄豆、排骨段熟烂，加入盐调味，出锅即可。

酒香肉骨头

[原料]

猪蹄200克，排骨300克

[调料]

葱段、姜片、酱油、料酒、大料、甘草、小茴香、桂皮、香葱段、白糖、盐各适量

[制作方法]

1. 猪蹄、排骨分别洗净，剁块。

2. 锅中放入适量冷水，放入葱段、姜片烧开，放入猪蹄、排骨焯烫，捞出，过冷水冲去浮沫。

3. 猪蹄、排骨放入电压力锅中，倒入适量开水，放入盐、白糖、酱油、料酒、葱段、大料、姜片、甘草、小茴香、桂皮，炖15分钟，撒上香葱段即可。

鲜美猪腰汤

[原料]

猪腰350克，火腿200克

[调料]

姜丝、料酒、盐各适量

[制作方法]

1. 火腿切成丝。

2. 猪腰除腰臊，清洗干净，入开水中略焯，捞出，放入凉水冲净，捞出，沥干水分。

3. 锅置于旺火上，加入适量清水，放入火腿片、猪腰、姜丝、料酒、盐煮沸，改文火继续煨10分钟，出锅即可。

猪腰菜花汤

[原料]

猪腰300克，菜花、胡萝卜、西蓝花、洋葱各60克

[调料]

葱油、食用油、高汤、酱油、盐各适量

[制作方法]

1. 猪腰撕去油膜，对半剖开，洗净筋膜、腰臊，切成小块。

2. 菜花、西蓝花分别洗净，切小朵。胡萝卜洗净，去皮，切块。洋葱去皮，洗净，切块。

3. 锅入油烧热，下入洋葱炒香，再下入猪腰片、胡萝卜块，滴入酱油拌炒至猪腰将熟，倒入高汤煮沸，下入菜花、西蓝花、胡萝卜，加入盐调味，淋葱油即可。

南泥湾蹄花

[原料]

猪蹄500克，南瓜350克，南瓜子10克

[调料]

葱、姜、八角、花椒、大枣、料酒、黄油、盐各适量

[制作方法]

1. 猪蹄洗净，剁为4⁻5厘米的块。南瓜洗净，去皮，切块。

2. 猪蹄焯水，加葱姜、料酒、盐、八角、花椒煮熟。南瓜上笼蒸好打南瓜泥，南瓜子用油炸好。

3. 锅下黄油、料酒，加水少许，倒入猪蹄、大枣、打好的南瓜泥烧至入味，出锅装碗，撒上南瓜子。

四川罐焖肉

[原料]

猪肉、牛肉、羊肉各250克，水发玉兰片50克

[调料]

姜末、蒜末、花椒、干辣椒、八角、豆瓣酱、鲜汤、猪油、盐各适量

[制作方法]

1. 猪肉、牛肉、羊肉分别洗净，切成长块，放入沸水锅汆水。水发玉兰片洗净，切成块。

2. 锅入猪油烧热，下豆瓣酱炒香，放入姜末、蒜末、干辣椒、花椒煸香。加入八角、鲜汤、盐烧开。玉兰片、猪肉、牛肉、羊肉放入罐中，把汤汁去渣入罐，盖好，上笼蒸至熟透即可。

腊肉慈姑汤

[原料]

慈姑250克，腊肉100克

[调料]

葱末、清汤、色拉油、盐各适量

[制作方法]

1. 慈姑去皮，洗净，切成薄片，放入沸水中焯水，捞出放入冷水中浸凉。腊肉洗净，切片。

2. 锅入色拉油烧热，放入清汤、慈姑片、腊肉片，煮沸后转中火煮约5分钟，加入盐调味，撒上葱末，起锅倒入汤碗中即可。

水煮牛肉

[原料]

牛肉400克，芹菜段、青蒜段、豌豆尖各50克

[调料]

葱段、姜末、花椒、豆瓣酱、干辣椒、胡椒粉、淀粉、水淀粉、食用油、酱油、料酒、盐各适量

[制作方法]

1. 豌豆尖洗净。牛肉洗净，切片，用盐、料酒、酱油、淀粉入味。
2. 锅入油烧热，放入干辣椒、花椒炸至呈棕红色，捞出剁细。
3. 锅入油烧热，炒香豆瓣酱，去渣，入牛肉片、葱段、姜末、青蒜段、芹菜段、豌豆尖，加盐、料酒、胡椒粉、酱油，水淀粉勾芡，撒干辣椒末、花椒末即可。

红汤牛肉

[原料]

牛肉300克，胡萝卜、土豆、洋葱、卷心菜各100克

[调料]

姜片、香叶、胡椒粉、番茄酱、黄油、料酒、盐各适量

[制作方法]

1. 土豆、胡萝卜去皮，洗净，切块。卷心菜洗净，切块。洋葱去皮，切块。牛肉洗净，切块，入沸水锅中稍煮，捞出。
2. 锅入黄油烧化，放入洋葱块煸炒，再放入土豆块、胡萝卜块、卷心菜块，加入胡椒粉、料酒、姜片、盐、香叶、番茄酱、牛肉及煮牛肉的汤煲入味即可。

滋补鞭汤

[原料]

净牛鞭400克

[调料]

姜片、香菜、枸杞、老汤、色拉油、盐各适量

[制作方法]

1. 牛鞭洗净，切一字连刀，剁成段，入沸水锅中焯水。

2. 枸杞用热水泡开。香菜洗净，切成末。

3. 净锅内注入老汤，放入牛鞭、枸杞、姜片烧开，打去浮沫，加入调料，煮20分钟，淋明油，盛入碗中，撒香菜末即可。

党参牛排骨汤

[原料]

牛排骨500克，党参5克，桂圆肉20克

[调料]

生姜、盐各适量

[制作方法]

1. 牛排洗净，切块，入沸水锅中焯透，捞出，沥干水分。

2. 将党参、桂圆肉、生姜分别洗净。

3. 将牛排、党参、桂圆肉、生姜放入锅内，加入清水，旺火煮沸，改文火煲3小时，加适量盐调味，出锅即可。

羊排炖鲫鱼

[原料]
羊排100克，鲫鱼200克
[调料]
清汤、香菜段、胡椒粉、葱、姜、花生油、盐各适量
[制作方法]
1. 鲫鱼处理干净，羊排洗净，斩成块。
2. 锅置火上，加入适量花生油烧至六成热，爆香葱姜，放鱼煎一下，加上清汤、羊排块。
3. 开锅后慢火炖熟，加盐调味，撒胡椒粉、香菜，出锅即可。

砂锅炖羊心

[原料]
羊心300克，水发香菇、油菜心各60克
[调料]
葱段、姜块、料酒、酱油、鲜汤、胡椒粉、香油、白糖、盐各适量
[制作方法]
1. 将羊心洗净，切成片。锅内加水烧开，下羊心汆去血污捞出。香菇、油菜心分别洗净备用。
2. 砂锅内加葱段、姜块、料酒、酱油、盐、白糖、鲜汤烧开，下入羊心片，文火炖至七成熟。
3. 再下入香菇继续炖至羊心片熟烂，下入菜心、胡椒粉、香油烧开即可。

羊排炖葫芦干

[原料]

羊排350克，葫芦干、胡萝卜块、大枣各60克

[调料]

香菜叶、料酒、卤汤、高汤、盐各适量

[制作方法]

1. 羊排洗净，切成段。葫芦干放入温水中浸泡1小时，捞出沥水。
2. 锅里加入卤汤烧开，放入羊排旺火烧开后文火煮40分钟，至八分熟，捞出。
3. 锅里加高汤烧开，放入羊排、葫芦干、胡萝卜块、大枣、盐、料酒，中火煮15分钟，放香菜叶点缀即可。

黑豆花生羊肉汤

[原料]

羊肉400克，黑豆100克，花生仁、木耳、红枣各50克

[调料]

香油、盐各适量

[制作方法]

1. 将羊肉洗净，斩成大块，用沸水焯透，取出用凉水洗净。
2. 黑豆、木耳、红枣用温水稍浸，淘洗干净。红枣洗净，去核。花生仁洗净，不要去衣。
3. 煲内倒入清水烧开，放入所有用料，用文火煲3小时，将渣捞出，用香油、盐调味即可。

淮山羊肉海参汤

[原料]

水发海参200克，羊肉150克，山药50克

[调料]

葱段、料酒、鸡汤、盐、食用油各适量

[制作方法]

1. 海参洗净，入沸水锅中氽烫片刻，捞出，沥干水分。羊肉洗净，切厚片，入沸水锅中焯水，捞出冲凉。山药洗净，去皮，切片。

2. 锅入油烧热，放入葱段、料酒爆香，倒入鸡汤、羊肉、山药片炖至羊肉熟烂，加盐调味，放入海参烧开即可。

乌鸡炖乳鸽汤

[原料]

乌鸡300克，乳鸽200克

[调料]

姜、葱、料酒、盐、胡椒粉、香油各适量

[制作方法]

1. 乌鸡、乳鸽宰杀，洗净，斩成块。姜洗净，切片。葱洗净，切段。

2. 将乌鸡、乳鸽同放炖锅内，加水3000毫升，加姜块、葱段、料酒，置武火上烧沸，再用文火炖煮50分钟，加入盐、胡椒粉、香油调味，出锅即可。

鸡汤煨鲜笋

[原料]

净冬笋肉1000克，蘑菇、木耳、熟火腿各50克

[调料]

葱段、姜末、鸡汤、胡椒、水淀粉、植物油、盐各适量

[制作方法]

1. 熟火腿、蘑菇分别切成薄片。净冬笋肉，对剖成两瓣，再切成薄片。木耳泡好，洗净。

2. 锅入油烧热，放入姜末、葱段煸炒，加入鸡汤，下笋片、木耳，再加熟火腿、蘑菇片、盐、胡椒加盖焖4分钟，拣去葱，水淀粉勾芡即可。

椰子炖乳鸽

[原料]

椰子1个，肉桂10克，乳鸽200克

[调料]

姜片、人参、白糖、盐各适量

[制作方法]

1. 乳鸽斩块，氽水，洗净血污。椰子洗净，切去头做成盅。肉桂洗净。

2. 将乳鸽、人参、肉桂、姜片放入椰子盅内。

3. 锅中加入适量清水，椰子隔水炖，旺火烧开，转用文火煲炖35分钟，加盐、白糖调味即可。

参芪砂锅鱼头

[原料]

鲢鱼头400克，黄芪、沙参、海米各10克，笋片、火腿片、蒜苗段、水发香菇各20克

[调料]

姜片、葱段、香油、绍酒、鲜汤、胡椒粉、色拉油、盐各适量

[制作方法]

1. 鲢鱼头洗净，撕去黑膜，放沸水锅中汆烫，捞出备用。

2. 锅入油烧至六成热，炒香姜片、葱段，加入绍酒、鲜汤，放入鲢鱼头、海米、香菇、笋片、火腿片、沙参、黄芪烧开，文火焖煮40分钟。加盐、胡椒粉调味，淋香油，撒蒜苗段即可。

甜酒冲蛋

[原料]

醪糟100克，糯米丸子50克，鸡蛋75克

[调料]

白糖适量

[制作方法]

1. 鸡蛋打散。

2. 锅入清水烧开，放入糯米丸子煮熟、漂起，加入醪糟、白糖调味，旺火烧开，将蛋液慢慢淋入汤中，快速搅拌，开锅倒出即可。

鳙鱼补脑汤

[原料]

鳙鱼头800克，香菇35克，虾仁、鸡肉丁各50克

[调料]

葱末、姜末、胡椒粉、天麻片、植物油、猪油、盐各适量

[制作方法]

1. 鳙鱼头洗净。香菇放入温水中浸泡，备用。
2. 锅入油烧热，放入鳙鱼头煎烧片刻，加入香菇、虾仁、鸡肉丁略炒，放入天麻片、清水、猪油、葱末、姜末、盐、胡椒粉，煮开后文火再煮20分钟，出锅即可。

滋补海参羹

[原料]

活海参200克，虾仁30克，紫菜15克，蛤蜊30克

[调料]

枸杞、胡椒粉、水淀粉、鸡汤、盐各适量

[制作方法]

1. 活海参去内脏洗净，用热水浸5分钟，捞出控水。虾仁洗净，去掉虾线，入沸水锅中焯水，捞出备用。
2. 锅中加鸡汤，放入枸杞、虾仁、紫菜、蛤蜊烧开，加盐、胡椒粉调味，用水淀粉勾芡成羹，放入海参出锅即可。

枸杞海参汤

[原料]

枸杞50克，水发海参200克，香菇100克

[调料]

葱花、姜片、酱油、料酒、植物油、白糖、盐各适量

[制作方法]

1. 水发海参洗净，切块。

2. 枸杞洗净。香菇洗净，切成方的块。

3. 炒锅置火上烧热，加入植物油，烧至六成热，加入葱花、姜片爆香，下入海参块、香菇块，加料酒、酱油、白糖调味，加清水旺火烧沸，焖煮至熟软，加入枸杞稍煮，加盐调味即可。

海马三鲜汤

[原料]

海马50克，牡蛎肉100克，淡菜、紫菜各20克

[调料]

葱、姜、味精、胡椒粉、清汤、芝香油、料酒、醋、盐各适量

[制作方法]

1. 牡蛎肉洗净。

2. 锅内放入清汤，放入海马烧开，煮约20分钟，下入淡菜、醋、料酒、葱、姜烧开，倒入牡蛎肉、盐煮至微熟。下入紫菜、味精、胡椒粉略煮，淋入芝香油，出锅盛入汤碗即可。

山楂粥

[原料]
山楂片15克,粳米50克

[调料]
白糖适量

[制作方法]

1. 山楂片洗净,粳米洗净备用。

2. 锅中加适量清水,放入山楂片,大火煮沸后改小火煮成山楂汁,备用。

3. 锅中加适量清水,倒入粳米和山楂汁,大火煮沸后改小火熬煮成粥,最后加适量白糖调味即可。

生姜红枣粥

[原料]
红枣30克,大米50克

[调料]
生姜、盐、葱各适量

[制作方法]

1. 大米泡发洗净,捞出备用。生姜去皮,洗净,切丝。红枣洗净,去核。葱洗净,切花。

2. 锅置火上,加入适量清水,放入大米,以大火煮至米粒开花。

3. 加入生姜丝、红枣同煮至浓稠,调入盐拌匀,撒上葱花即可。

白菜紫菜猪肉粥

[原料]
白菜心、紫菜、猪肉、虾米各50克,大米100克

[调料]
盐适量

[制作方法]
1. 猪肉洗净,切丝。白菜心洗净,切成丝。紫菜泡发,洗净。虾米处理干净。大米淘净,泡好。

2. 锅中放水,大米入锅,旺火煮开,改中火,下入猪肉丝、虾米,煮至虾米变红。

3. 改小火,放入白菜心丝、紫菜,慢熬成粥,下入盐调味,出锅即可。

双菌姜丝粥

[原料]
茶树菇、金针菇各50克,大米100克

[调料]
姜丝、盐、香油、葱各适量

[制作方法]
1. 茶树菇、金针菇泡发洗净。姜丝洗净。大米淘洗干净。葱洗净,切花。

2. 锅置火上,倒入水后,放入大米用旺火煮至米粒完全绽开,加入盐、香油调味,撒上葱花即可。

什锦补钙粥

[原料]
鱼肉50克，豆腐25克，粳米25克，青菜25克

[调料]
熟植物油各适量

[制作方法]
1. 粳米洗净，放入清水中浸泡。
2. 鱼肉放入锅中煮熟，留汤，将鱼肉的刺剔除干净，压制成泥。
3. 豆腐洗净后用勺子压制成泥，青菜洗净后切成末。
4. 锅中加适量清水，将粳米连同水一起倒入锅中，武火煮沸后放入鱼肉泥和鱼汤，改文火熬煮成粥，将豆腐泥和青菜末放入锅中，加熟植物油煮沸即可。

家常菜肉粥

[原料]
白菜100克，鲜香菇50克，猪瘦肉50克

[调料]
植物油、盐各适量

[制作方法]
1. 将白菜洗净切成丝，香菇洗净后切成丁，猪肉洗净后剁成末。
2. 锅中加适量植物油，烧至四成热后倒入猪肉末、香菇丁、白菜丝一起翻炒，加盐调味后盛出。
3. 锅中加适量清水，倒入洗净的粳米开大火煮沸后改小火熬至熟烂，放入炒好的肉菜丝，再次煮沸后即可食用。

生姜猪肚粥

[原料]
猪肚100克，大米300克

[调料]
葱花、生姜、香油、料酒、盐各适
量

[制作方法]

1. 生姜洗净去皮，切末。大米淘
净，泡发。猪肚洗净，切条，用
盐、料酒腌渍片刻。

2. 锅中加入清水，放入大米，旺火
烧沸，下入腌好的猪肚条、姜
末，熬煮至米粒开花，改小火熬
至粥浓稠，加入盐调味，淋香
油，撒上葱花即可。

猪肺毛豆粥

[原料]
猪肺、毛豆、胡萝卜各100克，大
米300克

[调料]
姜丝、香油、盐各适量

[制作方法]

1. 胡萝卜洗净，切丁。毛豆洗净。
猪肺洗净，切块，入沸水中焯
烫，捞出。大米淘净，泡发。

2. 锅入适量水，下入大米，旺火煮
沸，下入毛豆、胡萝卜丁、姜
丝，改中火煮至米粒开花，再下
入猪肺块，转小火熬煮成粥，加
盐调味，淋香油即可。

猪腰枸杞大米粥

[原料]
猪腰100克，枸杞、白茅根各20克，大米200克

[调料]
葱花、盐各适量

[制作方法]
1. 猪腰洗净，去腰臊，切花刀。白茅根洗净，切段。枸杞洗净。大米淘净，泡好。
2. 锅入适量水，下入大米，旺火煮沸，下入白茅根、枸杞中火熬煮，待米粒开花，放入猪腰，转小火，待猪腰熟透，加入盐调味，撒上葱花即可。

板栗花生猪腰粥

[原料]
猪腰100克，板栗、花生米各30克，糯米200克

[调料]
盐、葱花各适量

[制作方法]
1. 糯米洗净，浸泡3小时。花生米洗净。板栗去壳、去皮。猪腰洗净，剖开，除去腰臊，打上花刀，再切成片，用水洗净血污，放沸水锅汆烫，捞出备用。
2. 锅中倒入水，放入糯米、板栗、花生米旺火煮沸。
3. 待米粒开花，放入猪腰花片，慢火熬煮，加盐调味，撒入葱花即可。

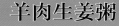

羊肉生姜粥

[原料]
羊肉60克，大米300克

[调料]
葱花、生姜、胡椒粉、盐各适量

[制作方法]

1. 生姜洗净去皮，切丝。羊肉洗净，切片。大米淘净，泡发。

2. 锅中放入大米，加入适量清水，旺火煮沸，下入羊肉片、姜丝，转中火熬煮至米粒开花，改小火，待粥熬出香味，加入盐、胡椒粉调味，撒入葱花即可。

鸡肉枸杞萝卜粥

[原料]
白萝卜50克，鸡脯肉30克，大米50克

[调料]
枸杞、盐、葱花各适量

[制作方法]

1. 白萝卜洗净去皮，切块。枸杞洗净。鸡脯肉洗净，切丝。大米淘净，泡好。

2. 大米放入锅中，倒入鸡汤，武火烧沸，下入白萝卜块、枸杞，转中火熬煮至米粒软散。

3. 下入鸡脯肉丝，将粥熬至浓稠，加盐调味，出锅装碗，撒上葱花即可。

鹌鹑瘦肉粥

[原料]

鹌鹑100克，猪肉50克，大米100克

[调料]

葱花、料酒、盐、姜丝、胡椒粉、香油各适量

[制作方法]

1. 鹌鹑处理干净，切块，入沸水氽烫，捞出。猪肉洗净，切小块。大米淘净，泡好。

2. 锅中放入鹌鹑、大米、姜丝、猪肉块，倒入沸水，烹入料酒，中火焖煮至米粒开花。

3. 转小火熬煮成粥，加盐、胡椒粉调味，淋入香油，撒入葱花即可。

麻婆茄子饭

[原料]

肉末、茄子各100克，米饭300克

[调料]

葱末、姜末、蒜末、水淀粉、花生油、花椒油、郫县豆瓣酱、花雕酒、白糖、盐各适量

[制作方法]

1. 茄子洗净，切小段，放入油锅炸透，沥去油。

2. 米饭盛入碗中，备用。

3. 锅入花生油烧热，加入葱末、姜末、蒜末爆香，加入肉末翻炒，加郫县豆瓣酱炒匀，放入茄子，加花雕酒、白糖、盐、水煮开，加入少许水淀粉，淋花椒油，倒入盛米饭的碗中即可。

腊味蛋炒饭

[原料]

粳米饭200克，腊肉、腊咸鱼肉、冬笋丁各25克，青豆、水发香菇丁各10克，鸡蛋60克

[调料]

胡椒粉、植物油、盐各适量

[制作方法]

1. 腊肉、腊咸鱼肉洗净，入蒸锅蒸熟，切丁。鸡蛋搅成鸡蛋液。

2. 锅入油烧热，放腊肉丁、腊咸鱼丁、青豆、水发香菇丁、冬笋丁过油至熟，捞出。

3. 锅入油烧热，放入蛋液炒匀，入腊肉丁、腊咸鱼丁、青豆、水发香菇丁、冬笋丁，加米饭、盐、胡椒粉炒香即可。

腊肉香肠蒸饭

[原料]

腊肉、广式香肠、油菜各50克，大米300克

[调料]

生抽、老抽、香油、橄榄油、白糖各适量

[制作方法]

1. 大米洗净，浸泡10分钟。油菜洗净，放入沸水中焯1分钟，捞起。腊肉、香肠切片，放在水里浸泡5分钟，捞出。

2. 大米中放入橄榄油，上蒸笼用旺火蒸至八成熟，取出，摆上腊肉、香肠、油菜，继续蒸熟。

3. 将老抽、生抽、白糖、香油调成味汁，浇在米饭上，拌匀即可。

凤梨炒饭

[原料]

凤梨肉80克，大米80克，发芽糙米40克，西兰花40克，洋葱30克

[调料]

葱花、橄榄油、盐、胡椒、咖哩粉各适量

[制作方法]

1. 大米洗净，入发芽糙米和水煮成糙米饭。洋葱洗净，切末。西兰花撕小朵，洗净入沸水锅汆烫。

2. 凤梨肉切块，泡盐水10分钟后捞出。

3. 锅入油烧热，放凤梨炒香，入糙米饭、西兰花，调入盐、胡椒、咖哩粉、洋葱末后翻炒5分钟，起锅前撒上葱花，搅匀即可。

虾仁腊肉饭

[原料]

香米300克，虾仁、腊肉、青豆、葡萄干各100克

[调料]

盐适量

[制作方法]

1. 香米洗净，用清水浸泡好，捞出放入器皿中。

2. 将虾仁洗净，去虾线。青豆、葡萄干分别洗净。腊肉切成片备用。

3. 用盐浸腌虾仁、青豆、腊肉片入味。

4. 将香米放入蒸锅内蒸制水分稍干，放入腊肉、虾仁、青豆、葡萄干，继续蒸熟即可。

牛肉乌冬面

[原料]

乌冬面300克，熟卤牛肉50克

[调料]

香葱末、酱油、牛骨汤、盐各适量

[制作方法]

1. 将乌冬面放入沸水锅中煮熟，捞出盛入碗中。

2. 将卤牛肉切片摆在碗中乌冬面上。锅中加入牛骨汤烧开，用酱油、盐调味，煮开后倒入盛放乌冬面的碗中，撒上香葱末即可。

小炒乌冬面

[原料]

乌冬面条300克，掐菜100克，胡萝卜、青椒、虾仁各50克

[调料]

蚝油、生抽、食用油、盐各适量

[制作方法]

1. 乌冬面煮熟，捞出过凉水，沥干水分。

2. 掐菜洗净。胡萝卜洗净去皮，切丝。青椒洗净，切丝。虾仁洗净去虾线，一片两半。

3. 锅入油烧热，放入青椒丝、胡萝卜丝、虾仁，加入蚝油、生抽、掐菜翻炒，加入盐调味，放入乌冬面翻匀炒2分钟，出锅即可。

芸豆蛤蜊打卤面

[原料]

面条300克，蛤蜊、芸豆各100克，鸡蛋2个

[调料]

葱片、姜片、香油、花生油、盐各适量

[制作方法]

1. 蛤蜊洗净，煮熟剥肉。蛤蜊汤过滤，留用。芸豆洗净，切小丁。鸡蛋打入碗中，搅匀成蛋液。面条煮熟盛入碗中。

2. 锅入花生油烧热，放葱片、姜片爆香，放芸豆丁炒至断生，加入蛤蜊肉、蛤蜊汤，加盐调味，开锅淋蛋液，淋香油，浇在面条上即可。

爆锅面

[原料]

手杆宽面条200克，白菜100克，鸡蛋60克

[调料]

香葱末、葱片、姜片、植物油、酱油、盐各适量

[制作方法]

1. 白菜洗净，切粗丝。鸡蛋打散，煎成蛋皮切丝。

2. 锅入植物油烧热，放入葱片、姜片爆香，再放白菜丝、酱油、盐、水烧开，放入面条煮熟，盛入碗中，撒上蛋皮丝、香葱末即可。

番茄虾仁水饺

[原料]
番茄200克，虾仁75克，面粉100克

[调料]
葱、淀粉、胡椒粉、食用油、盐各适量

[制作方法]
1. 面粉中加适量水，和成面团。葱洗净，切葱花。虾仁洗净后加淀粉、胡椒粉、盐腌渍片刻。
2. 番茄洗净，剥皮，切丁。
3. 锅中加食用油烧热，倒入腌好的虾仁滑开，盛出，倒入番茄丁，翻炒几下后倒入虾仁、盐、葱花，搅拌均匀，制成馅料。
4. 将面团揉好后制成剂子，擀成饺子皮，包入馅料，捏成饺子，入沸水锅煮熟，即可食用。

生煎饺

[原料]
面粉500克，鲜肉50克，荠菜100克

[调料]
葱花、姜末、盐、五香粉、酱油、香醋、食用油各适量

[制作方法]
1. 面粉加水和成面团，饧发30分钟。荠菜洗净，切末，加盐略腌，挤干水分。
2. 鲜肉剁成末，加荠菜末、葱花、姜末、油、盐、五香粉、酱油拌匀，腌渍入味，制成饺子馅。包好饺子备用。
3. 平底锅入油烧热，放入饺子，煎熟出锅。将酱油、香醋、水调匀制成蘸汁，蘸食即可。

三鲜水饺

[原料]

面粉250克，猪肉200克，韭菜200克，鲜虾仁100克

[调料]

葱、姜、香油、盐、料酒各适量

[制作方法]

1. 面粉中加适量清水，搅拌均匀后揉成面团，放置备用。

2. 韭菜洗净切碎，虾仁洗净切成粒，葱、姜洗净切末备用。

3. 将猪肉洗净剁成肉馅，加适量料酒和盐，沿着相同方向搅拌至黏稠，然后加入香油、葱姜末和虾仁粒、韭菜碎一起搅拌成馅。

4. 面团制成剂子擀成饺子皮，包入馅料，倒入沸水锅中煮熟即可。

绉纱馄饨

[原料]

猪肉150克，小薄馄饨皮250克

[调料]

香油、黄酒、盐、糖、胡椒粉、葱花、鲜辣粉、姜汁各适量

[制作方法]

1. 肉剁碎，肉酱中加盐，糖，黄酒，胡椒粉，姜汁和少许水拌匀。

2. 馄饨皮加肉馅制成馄炖，碗中加盐，香油，葱花，鲜辣粉兑沸水备用。

3. 锅中水开下馄饨，中间加一次水，煮沸盛入兑好料的碗中。

牛肉馄饨

[原料]

馄饨皮300克，牛肉丁、猪肉丁、熟酱牛肉丁、芹菜碎各60克，熟鸡蛋丝20克

[调料]

姜末、蒜末、香菜末、牛骨汤、胡椒粉、香油、酱油、生抽、盐各适量

[制作方法]

1. 芹菜碎加生抽拌匀。牛肉丁加猪肉丁、酱油、盐搅成糊，入芹菜碎、葱末、姜末、生抽搅成馅料，包入馄饨皮成馄饨生坯。

2. 锅入牛骨汤烧开，下香菜末、胡椒粉、盐、香油调味。另起锅，入清水烧开，下馄饨生坯煮熟，捞入碗内，倒入牛骨汤汁，撒香菜末、鸡蛋丝、酱牛肉丁即可。

红油龙抄手

[原料]

馄饨皮200克，猪肉馅100克，鸡蛋30克，油菜心20克

[调料]

辣椒油、香油、盐、姜汁、胡椒粉、高汤各适量

[制作方法]

1. 猪肉馅加盐、姜汁、鸡蛋、胡椒粉、清水搅成糊状，加香油搅拌成馅料，包入馄饨皮中，两个对角对叠成三角形，把两个角向中间叠起来黏合，做成抄手坯。

2. 锅中烧开高汤，油菜心洗净焯熟，捞出，下抄手煮熟。碗中放入油菜心、原汤、盐、胡椒粉、辣椒油，放入煮熟的抄手即可。

葡萄人参补酒

[原料]

白葡萄酒500克，桂皮20克，人参20克

[制作方法]

在白葡萄酒中加入桂皮和人参，密封浸泡15天。

黑糖姜茶

[原料]

老姜10克，黑糖5克

[制作方法]

1. 老姜洗净，拍碎，备用。

2. 净锅置火上烧热，倒入适量清水烧开，加入黑糖、老姜碎，旺火烧开，转小火同煮20分钟即可饮用。